Laboratory Experiments for **GENERAL CHEMISTRY**

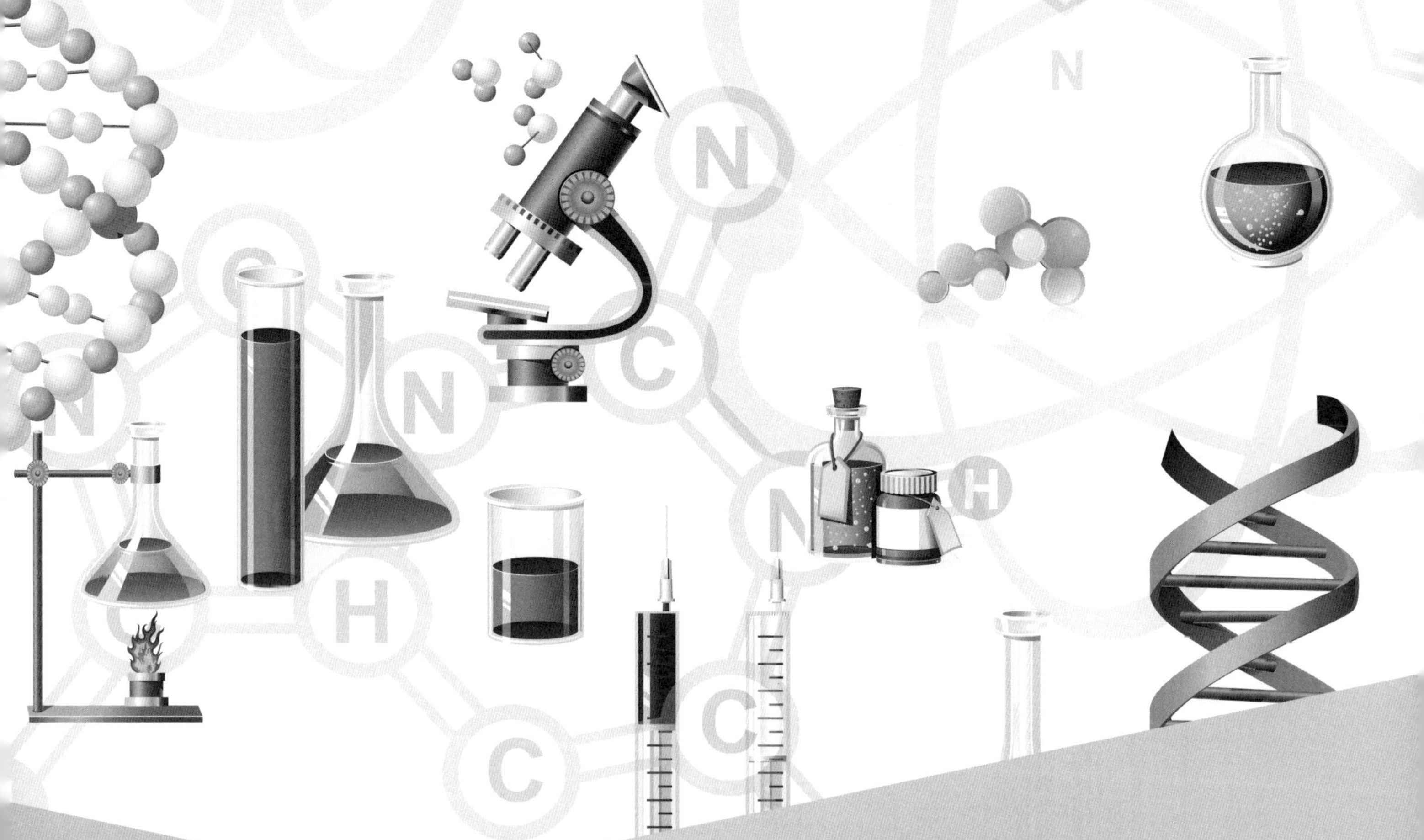

일반화학실험

화학실험교재연구회 편저

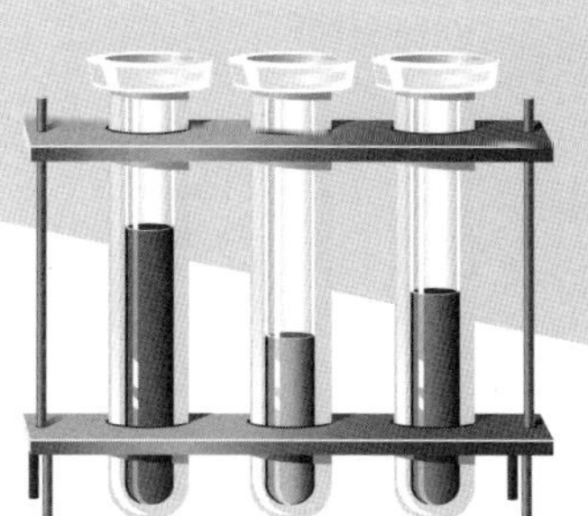

녹 문 당

머리말

화학은 물질 변화의 원리에 입각해서 새롭고 유용한 물질을 창조한다는 본질을 가지고 있는 실험과학이다. 따라서 화학은 이론과 실험이 병행되어야만 어느 한쪽으로 치우치지 않은 완전한 과학의 한 분야가 될 수 있다. 실험은 물질세계의 다양한 원리를 탐험해 보고 새로운 아이디어를 창출할 수 있는 능력을 향상시켜 준다고 할 수 있다. 그래서 실험교육은 체계적인 화학교육을 위한 필수적인 과정이다.

이에 본 실험교재는 기존의 일반화학실험 내용을 기반으로 하여 화학의 기본 지식에 대한 보다 효율적인 교육효과를 얻을 수 있도록 각 실험에 대한 목적, 이론, 실험방법을 체계적으로 구성하였다. 또한 화학의 기초가 되는 주요 실험뿐만 아니라 흥미로운 실험을 추가함으로써 많은 이공계 신입생들이 화학에 대한 이해와 흥미를 갖게 되고 이 책을 통해 소기의 성과를 이룰 수 있기를 바란다.

끝으로, 이 교재를 출간하도록 격려하고 애쓰신 녹문당 임직원 여러분들께 진심으로 감사의 마음을 전한다.

편저자 대표

차례

안전수칙

다음에 제시하는 실험실에서 지켜야 할 안전규칙과 지도선생님께서 특별히 제시하시는 안전규칙 및 응급처리 방법을 기억해 두고 실행에 옮기도록 만반의 준비를 하자. 이들 지시사항은 안전을 위하여 필수적이다.

(1) 소화기, 비상 샤워 및 구급약이 놓인 곳의 위치를 확인한다.

(2) 실험실에서는 항상 실험복을 착용하여야 하고, 정숙한 몸가짐으로 다른 학생에게 방해가 되지 않도록 행동하여야 한다. 실험실에서 시약이 담겨진 기구를 들고 움직일 때에는 매우 조심하여야 하고, 실험실에서 뛰어 나녀서는 안 된다. 신발은 발등을 덮는 잘 미끄러지지 않는 운동화를 또는 구두를 착용하는 것이 좋다.

(3) 눈을 보호하기 위하여 반드시 보안경을 착용하도록 한다. 콘택트 렌즈는 가능하면 착용하지 않는 것이 좋으며, 눈에 시약이 들어갔을 경우에는 먼저 많은 양의 물로 씻은 다음 적절한 치료를 받도록 한다.

(4) 대부분의 시약은 유독하므로 맛을 보아서는 안된다. 시약의 냄새를 맡고자 할 때에는 얼굴을 향하여 손으로 부채질을 하여 냄새를 맡도록 하고, 다량의 기체를 흡입하지 않도록 주의한다.

(5) 실험실의 창문을 열고 후드를 작동시켜 실험실의 통풍이 잘 되도록 유의한다.

(6) 시약은 반드시 시약병의 표지를 확인한 후 사용하도록 하고 기체가 발생하는 시약은 후드 밖으로 가지고 나오지 않아야 한다. 시약병은 반드시 두 손을 사용하여 병의 몸통 부분과 바닥을 받쳐들어야 한다. 한 손으로 병의 마개를 잡고 옮기지 않는다.

(7) 가스 버너를 사용하는 경우에는 사전에 사용 방법을 충분히 알아 둔다. 유리기구를 가열할 경우에는 반드시 석면판을 사용하여 유리기구에 직접 가스 불꽃이 닿지 않도록 한다.

(8) 액체를 가열할 때에는 끓임쪽(비등석 boiling chip)을 사용하여 액체가 튀어 오르지 않도록 하고, 시험관의 입구가 주위의 학생을 향하지 않도록 조심한다. 인화성이 있는 액체는 반드시 물 중탕을 사용하여 가열한다.

(9) 뜨거운 유리기구는 반드시 집게를 사용하여 취급한다. 장갑을 준비하면 편리하다.

(10) 공해 물질은 반드시 회수통을 이용하여 모두 회수하고, 싱크나 휴지통에 버려서는 안 된다. 특히, 진한 산, 염기 또는 유기용매를 싱크에 버리지 않도록 한다.

(11) 유리관을 취급하는 경우에는 장갑을 착용하거나 수건을 사용하도록 한다. 유리관을 자른 후에는 반드시 가스 불꽃으로 끝을 둥글게 하여야 한다. 유리관은 물을 묻혀 고무마개에 끼우도록 하고

무리한 힘을 가하지 않도록 한다.

(12) 진한 산을 묽힐 때에는 언제나 물을 천천히 저으면서 산을 가한다. 물을 산에 부으면 갑자기 뜨거워진 용액이 튀어 위험하다.

(13) 독성이 있거나 냄새가 심한 기체가 발생할 때에는 항상 후드에서 실험하여야 한다. 후드를 사용할 때에는 후드 안에 머리를 넣지 않도록 한다.

원 리

사용한 용매 또는 산, 염기는 반드시 지정된 회수통에 회수하여 정해진 곳에 버려야 한다.

(1) 산은 버리도록 표시된 산 폐기통에 버린다.

(2) 염기는 버리도록 표시된 염기 폐기통에 버린다.

(3) 사용한 유기용매는 유기용매 회수통에 버린다.

실험실 사고 발생의 경우 응급처리

실험실내에서 화재, 폭발 또는 부상 등의 사고가 발생할 경우에는 당황하지 말고 침착하게 적절한 응급처리를 하고, 반드시 담당 조교에게 안전 확인을 받은 후 실험을 계속한다.

(1) 화재가 발생하였을 때: 버너, 전기 등의 열원을 모두 끄고, 인화성 물질을 먼 곳으로 옮기며, 화학화재용 소화기 또는 모래를 사용하여 소화 작업을 한다. 물에 잘 섞이지 않는 유기용매에 불이 붙었을 경우에는 절대로 물을 사용하여서는 안된다.

(2) 의복에 불이 붙었을 때: 당황하여 뛰지 말고, 담요나 실험복을 덮어 불을 끈다. 얼굴 부근에 붙은 불이 아닐 경우에는 화학화재용 소화기를 사용하여도 좋다. 또한, 물에 섞이지 않는 유기용매에 의해 붙은 불이 아닐 경우 물을 사용할 수도 있다.

(3) 불에 의한 화상: 찬물로 냉각시킨 후 적절한 치료를 받는다.

(4) 시약에 의한 화상: 즉시 다량의 깨끗한 물로 씻는다. 산에 의한 화상일 경우는 묽은 탄산수소나트륨 용액으로, 염기성 시약에 의한 화상일 경우에는 묽은 아세트산 용액으로 씻은 후, 적절한 치료를 받는다.

(5) 눈에 시약이 튀어 들어갔을 때: 다량의 깨끗한 물로 세척한 후, 반드시 의사의 검진을 받도록 한다.

(6) 시약을 마셨을 때: 즉시 손을 입에 넣어 토하도록 하고 의사의 응급 처치를 받도록 한다.

(7) 유독한 기체를 흡입하였을 때: 즉시 통풍이 잘 되는 곳으로 옮기고, 앉거나 누워서 깊게 호흡을 한다. 다량의 기체를 흡입하였을 경우에는 즉시 의사의 치료를받는다.

(8) 베었을 때: 3% 과산화수소(옥시풀)로 씻은 후 거름종이 또는 깨끗한 수건을 사용하여 지혈이 되도록 한다.

(9) 폭발이 발생하였을 때: 일단 실험실에서 모든 학생을 대피시키고, 화재가 발생하였을 경우 방독면을 착용하고 화학화재용 소화기를 사용하여 소화한다. 실험실의 통풍이 잘 되도록 조처하고 유독성 기체가 없음을 확인한 후 뒤처리를 한다.

만일 사고가 발생하였을 경우에는 즉시, 담당 조교에게 알려 담당 교수와 연락할 수 있도록 한다.

시약병에 표시된 시약의 독성기호

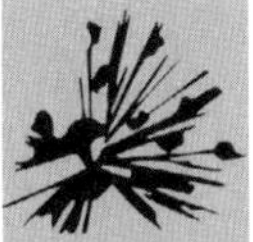

Explosive

Oxidizer

Flammable

Toxic

Harmful or Irritant

Corrosive

Environmentally Toxic

기호	약자	설명
Explosive	E	폭발의 가능성이 있음
Oxidizer	O	탈 수 있는 물질을 점화시킬 수 있음
Flammable	F^{+}	스스로 불이 붙을 수 있음
Toxic	T	신체에 매우 해로움
Harmful or Irritant	Xn	신체에 해로움
Corrosive	C	접촉 시 녹을 수 있음
Environmentally Toxic	N	환경에 해가 될 수 있음

시약 취급법

고체나 액체시약을 다루는 몇 가지 간단한 예를 아래 그림에 설명하였다.

한번 더 기억해 두자 !

(1) 공동용 시약을 각자의 실험대로 가져가서는 안 된다.
(2) 시약병에 있는 시약의 순도를 일정하게 유지하도록 주의해야 한다.
(3) 필요 이상의 시약을 취하거나 한번 따라낸 과량의 시약을 절대로 시약병에 다시 넣어서는 안된다.
(4) 시약병 마개를 실험대에 함부로 놓으면 실험대 위에 오물이 마개에 묻을 염려가 있으므로 마개를 실험대에 놓아서는 안 된다.
(5) 피펫이나 메디신 드롭퍼는 시약병에서 시료용액을 취한 다음 시험관이나 용액의 표면에 닿지 않도록 한 방울씩 용액 위에 떨어뜨린다.

고체시약을 소량 취급하는 법

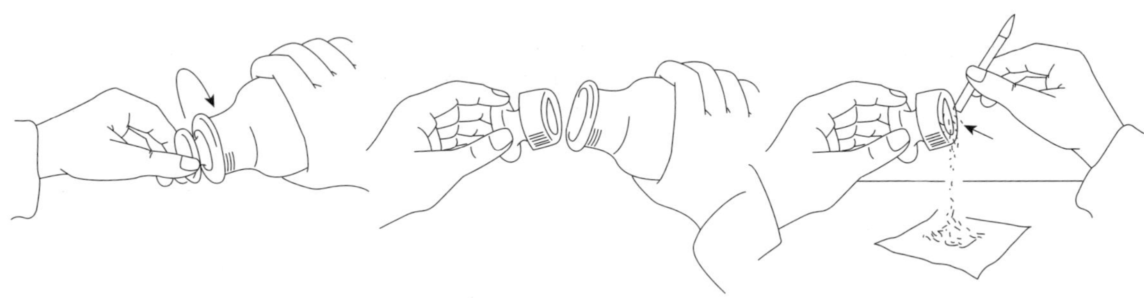

(a) 마개의 내부에 시약이 묻도록 병을 기울이면서 돌린다.

(b) 마개에 시약이 묻어 있도록 조심해서 마개를 연다.

(c) 약숟가락으로 마개를 가볍게 두드려서 필요한 양을 떨어뜨린다.

고체시약을 많이 취하는 법

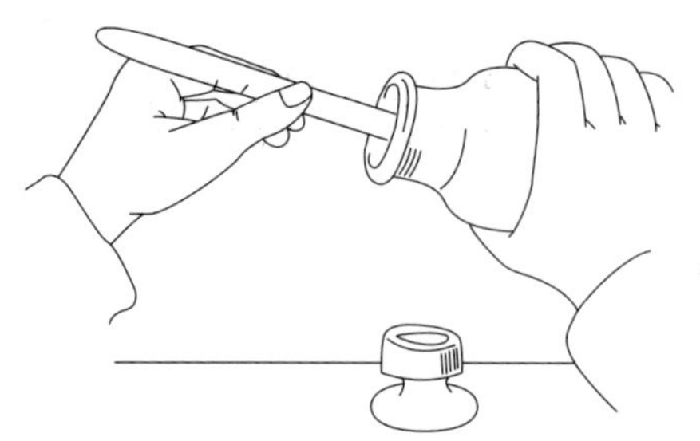

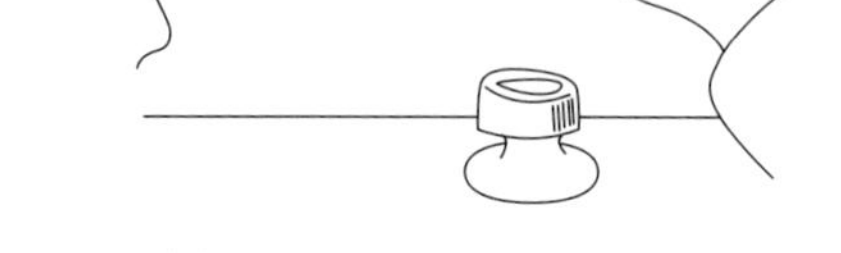

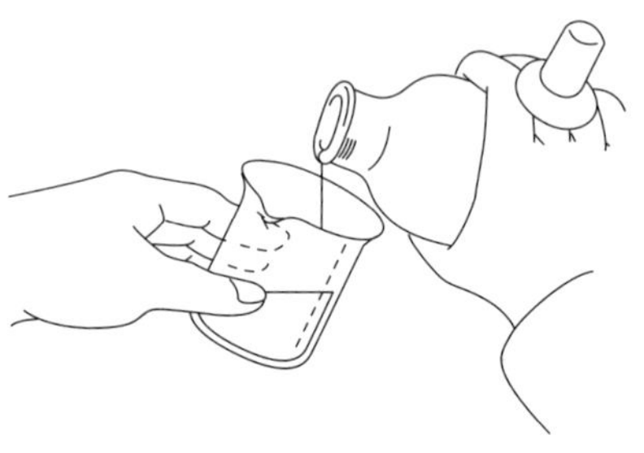

(a) 약숟가락을 이용하여 시약을 취한다.

(b) 약숟가락을 유리막대로 가볍게 두드려서 필요한 양을 취한다.

(c) 또는 병을 기울여 돌리면서 원하는 양을 취한다.

액체시약병의 마개를 열고 닫는 방법

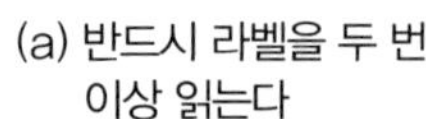

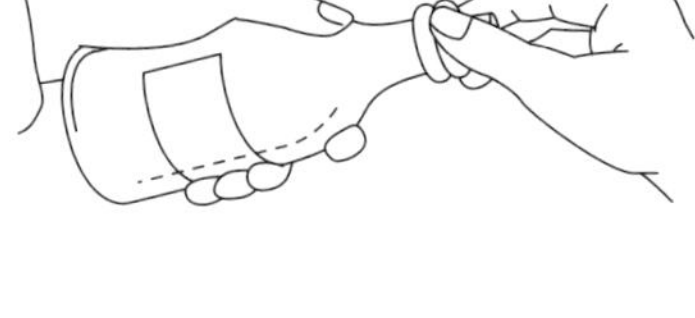

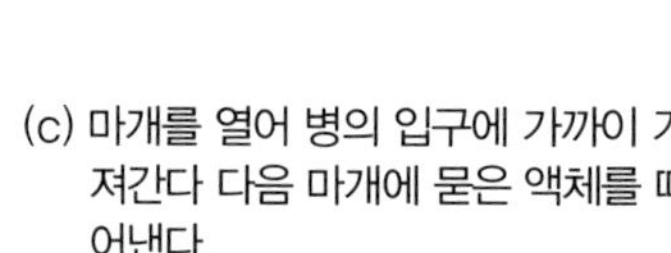

(a) 반드시 라벨을 두 번 이상 읽는다

(b) 액체가 마개에 묻도록 병을 기울인다.

(c) 마개를 열어 병의 입구에 가까이 가져간다 다음 마개에 묻은 액체를 떼어낸다.

(d) 액체를 취한 다음 마개를 닫는다. 이 조작은 마개를 열 경우에도 해당된다.

(주의 : 병마개의 모양에 따라 조작법이 달라진다. 마개가 그림과 같이 할 수 없는 모양이면 마개의 안쪽이나 끝이 위로 향하게 실험대 위에 놓는다.)

액체시약을 따르는 방법

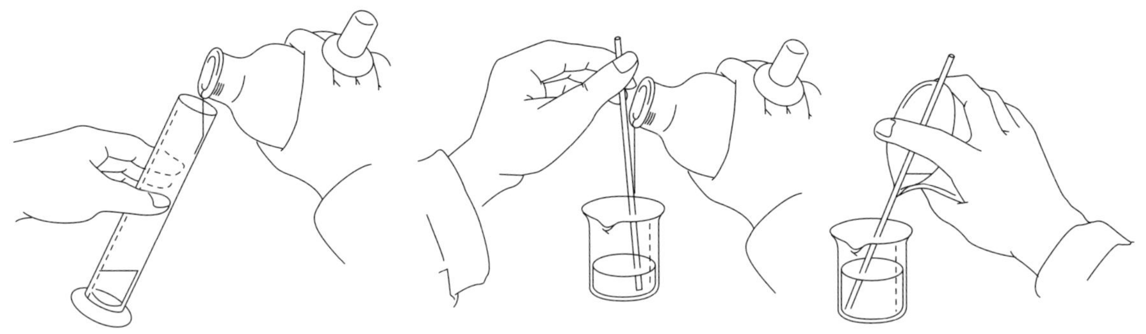

(a) 마개를 실험대 위에 놓아서는 안 된다.　(b) 유리막대를 사용한다.　(c) 비이커의 내용물을 따를 때의 모습

깨끗한 유리그릇과 더러운 유리그릇　메디신드롭파의 사용법

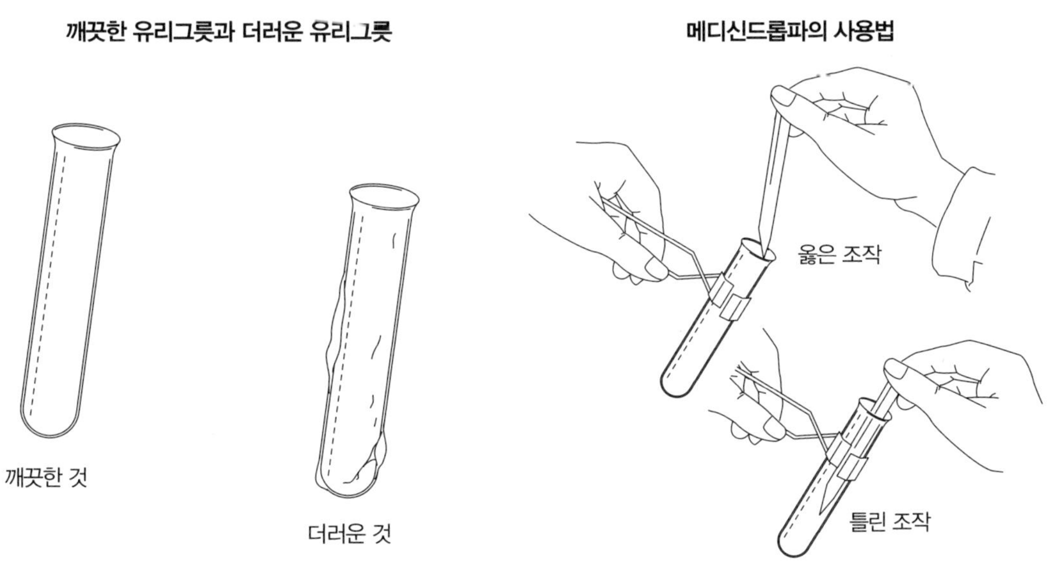

실험 01

부피를 측정하는 용기의 보정

목 적

부피분석 등과 같은 정량적인 실험의 결과는 부피 측정의 정확성에 의해 크게 좌우된다. 본 실험에서는 부피를 측정하는 용기인 용량플라스크, 피펫, 뷰렛 등을 깨끗이 씻는 법, 그리고 이들 눈금 용기의 부피를 검정하는 원리와 그 방법을 익힌다.

원 리

1 용기 씻는 법

부피를 측정하는 유리 용기는 미리 깨끗이 씻은 후에 물기를 잘 말려서 사용해야 한다. 물이나 용액이 잘 닦인 기벽을 따라 흘러내리면 표면에 얇고 균일한 액체 막이 생기지만, 만약 기벽에 지방질 등의 불순물이 아직 닦이지 않은 채 남아 있으면 이 액체 막은 부분적으로 파괴되어 방울이 맺히게 되고, 메니스커스의 모양에도 이상이 생긴다. 이러한 경우, 부피를 측정할 때 배수오차나 눈금오차가 생긴다.

유리 용기를 씻을 때에는 1~2%의 비눗물이나 중성 합성세제를 사용하는 것이 일반적이지만, 이것보다 산화제인 중크롬산나트륨이나 칼륨 약 15 g을 진한 공업용 황산 500 mL에 녹인 클리닝 용액(cleaning solution)에 20~30분 정도 담그어 두는 것이 가장 효과적이다. 그런 후에 꺼내어 수돗물과 증류수로 씻는다. 아직 불순물이 남아 있으면 이 과정을 다시 반복한다. 유리 용기는 염기에 의해 서서히 침식되지만, 산에는 잘 견디기 때문에 클리닝 용액에 의해 기벽에 붙어 있는 지방질 등의 불순물만 산화되어 파괴 된다. 이 용액은 피부 및 의복 등에 대해서도 부식성이 강하며, 오래 사용하거나 방치해 두면 산화제인 $Cr_2O_7^{2-}$가 환원되어 푸른색의 Cr^{2+}로 변하면서 산화력이 떨어지고, 공기 중의 수분을 흡수하여 묽어지므로 취급 및 보관에 유의하여야 한다.

memo

2 용기의 보정원리

시판되고 있는 부피를 측정하는 용기의 눈금이 정확하지 않은 경우가 종종 있다. 만약 그 상대오차가 0.01%보다 크다면, 실험실에서는 그 용기를 미리 검정하여 눈금을 보정한 후 에 사용하여야 한다.

용기의 부피에는 "담겨 있는 액체의 부피(TC; to contain)"를 표시하는 경우와, "쏟아져 나온 액체의 부피(TD ; to deliver)"를 표시하는 두 가지 경우가 있다. 예를 들어 플라스크에 정확히 1 L의 액체를 담고, 플라스크 속에 있는 액체의 메니스커스(meniscus)에 표선을 그으면 이것은 1 L들이 TC 용량플라스크이다. 만약 이 액체를 다른 그릇에 부으면, 그 일부가 기벽에 붙게 되어 이때 쏟아져 나온 액체의 부피는 1 L보다 적다. 그러므로 만약 1 L의 액체를 쏟아낼 수 있도록 액체를 채워 표선을 그으면, 전자의 표선보다 항상 위에 그어진다.

유리 용기의 부피를 검정할 때에는 우선 용기를 깨끗이 씻은 후 여기에 증류수를 담고, 일정한 실온에서 온도 평형이 이루어지도록 한 다음 용기에 담겨 있는 또는 용기에서 쏟아낸 증류수의 무게를 측정하여 이것으로부터 부피를 계산한다. 이때 알아두어야 할 세 가지 사항이 있다.

(1) 물의 밀도는 온도에 따라 변한다.
(2) 용기의 부피는 온도에 따라 변한다.
(3) 물의 무게를 저울로 달 때 공기의 부력을 받는다.

유리는 열 팽창을 하므로, 일정한 온도에서 정확히 1 L들이 유리 용기는 온도가 변하면 부피도 변한다. 그러므로 용기에 표기된 부피값이 용기의 실제 부피와 같은 온도, 즉 표준 온돈가 정해져야 한다. 일반적으로 20°C를 표준 온도로 정하고, 모든 유리 용기의 부피는 이 온도에서만 정확히 표기된 부피와 같은 값을 갖는다. 그러나 실험실의 온도가 언제나 20°C일 수는 없기 때문에 용기의 실제 부피는 표기된 부피보다 약간 크거나 작을 것이다.

실온 t°C에서 용기의 표선까지 채운 물의 무게 W로부터 공기의 부력을 고려하여 물질의 질량을 산출하고, 이것을 같은 온도에서의 물의 밀도 d_t로 나누어 부피 V_t를 산출하는데, 이때 무게를 측정하는 데 사용되는 놋쇠로 만들어진 추의 밀도를 8.4 g/mL, 공기의 밀도를 0.0012 g/mL라고 하면, t°C에서의 용기의 부피는 다음과 같다.

$$V_t = \left[W + 0.0012\left(\frac{W}{d_t} - \frac{W}{8.4}\right)\right] \div d_t \qquad (1)$$

유리의 부피 팽창 계수를 0.000025 mL/°C라고 하면 V_t가 20°C에서 차지하는 부피 V_{20}은 다음과 같다.

$$V_{20} = V_t + 0.000025\ V_t(20 - t) \qquad (2)$$

memo

예 1 22°C에서 1 L들이 용량플라스크의 표선까지 채운 물의 무게는 997.00 g이다. 20°C에서 이 용량플라스크의 부피를 계산하라

$$\text{물의 질량} = 997.000 + 0.0012\left(\frac{997.0}{0.998} - \frac{997.0}{8.4}\right)$$
$$= 998.06(\text{g})$$

22°C에서의 부피 = 998.06/0.99780 = 1000.26 (mL)

20°C에서의 부피(V_{20}) = 1000.26 − (0.000025 × 2 × 1000.3)

= 1000.26 − 0.05 = 1000.21(mL)

표 1.1은 위의 예와 같이 번거로운 계산을 하지 않고 보정된 부피를 알아볼 수 있는 표이다. 이들 수치는 스테인레스나 놋쇠 추를 사용하는 경우 부력에 대한 보정과 유리용기의 온도에 대한 변화 등을 고려한 물의 변화값을 나타낸 것이다. 그러므로 어떤

표 1.1 각 온도에서 물의 밀도와 물 1.000 g의 보정된 부피

온도 (°C)	물의 밀도 (1 atm)	보정된 부피(mL)	
		t°C	20°C
15	0.99913	1.0019	1.0020
16	0.99897	1.0021	1.0022
17	0.99880	1.0022	1.0023
18	0.99862	1.0024	1.0025
19	0.99843	1.0026	1.0026
20	0.99823	1.0028	1.0028
21	0.99802	1.0030	1.0030
22	0.99780	1.0033	1.0032
23	0.99756	1.0035	1.0034
24	0.99732	1.0037	1.0036
25	0.99707	1.0040	1.0037
26	0.99681	1.0043	1.0041
27	0.99654	1.0045	1.0043
28	0.99626	1.0048	1.0046
29	0.99597	1.0051	1.0048
30	0.99567	1.0054	1.0052

memo

온도에서 측정한 물의 질량에 표 1.1 중 적당한 값을 곱하면, 그 온도에서의 부피와 표준 온도인 20°C에서의 부피를 구할 수 있다.

예 2 위의 예 1에 나타낸 용량플라스크를 표 1.1를 이용하여 검정하라.

22°C에서의 부피 = 997.00 × 1.0033 = 1000.29 (mL)

20°C에서의 부피(V_{20}) = 997.00 × 1.0032 = 1000.19 (mL)

기구 및 시약

삼중대 저울, 뷰렛, 피펫(20 mL), 용량플라스크(50 mL), 삼각플라스크(50 mL), 온도계, 집게, 시계접시, 중크롬산칼륨 또는 중크롬산나트륨, 진한 황산(공업용), 증류수, 클리닝 용액

실험방법

1 피펫의 보정

피펫을 클리닝 용액에 30분 정도 담그어 씻은 후, 다시 흐르는 물에 깨끗이 씻은 다음 증류수를 3~4회 흘려 씻는다. 이때 클리닝 용액이 손이나 의복에 묻지 않도록 주의한다. 물기가 없고 깨끗한 50 mL들이 삼각플라스크의 무게를 달아 기록한다. 미리 실온과 평형이 이루어진 증류수를 피펫의 표선까지 채운 후 무게를 이미 알고 있는 깨끗한 삼각플라스크에 쏟는다. 이때 피펫의 끝을 삼각플라스크의 기벽에 문질러서 피펫의 끝에 방울이 남아 있지 않도록 한다. 삼각플라스크에 받은 물의 무게를 측정한 다음, 표준 온도에서의 부피를 구한다.

검정 결과 피펫의 표선이 정확하지 않은 경우 상대오차를 구한 후 표선을 옳은 위치에 새로 긋는다. 이때 유리관의 반지름이 R, 높이가 H이면, 부피 V는 다음과 같으므로, 표선을 H 만큼 옮겨서 긋도록 한다.

$$V = \pi R^2 H \tag{3}$$

2 용량플라스크(TC형)의 보정

50 mL들이 용량플라스크에 클리닝 용액을 조심스럽게 채워 30분 정도 두었다가 쏟아내고, 흐르는 물로 씻은 다음 다시 증류수로 2~3회 깨끗이 씻은 후 건조한 공기를 통해 주어 잘 말린다. 이때 열을 가해 말리면 안 된다. 잘 건조된 용량플라스크만의 무

memo

게를 정확히 단다. 미리 실온과 평형이 이루어진 증류수를 표선까지 채워 다시 무게를 정확히 단다. 이때 증류수의 온도를 기록해 둔다. 물만의 무게로부터 20°C에서의 정확한 부피를 식 (1)과 (2)를 이용하여 산출한다. 그리고 상대오차를 계산한다. 오차가 0.05%보다 클 때에는 실온에서 이 플라스크가 담고 있어야 할 물의 무게를 미리 계산하여 저울 위에서 조심스럽게 이 무게가 되도록 증류수를 채운 후, 그 메니스커스에 표선을 다시 긋는다.

3 뷰렛의 보정

뷰렛을 스탠드에 고정시키고 코크를 잠근 후 클리닝 용액을 채운다. 30분 정도 지난 후 코크를 열어 쏟아낸 후, 흐르는 물로 씻은 다음 다시 증류수로 깨끗이 씻는다. 코크를 잘 닦은 후 말려서 조심스럽게 그리스를 바른다. 깨끗이 마른 50 mL들이 삼각플라스크에 뚜껑을 닫은 후 무게를 단다. 깨끗한 뷰렛에 미리 실온과 평형이 이루어진 증류수를 눈금까지 정확이 채우고, 뷰렛 끝에 물방울이 생기지 않도록 한다. 그리고 물의 온도를 정확히 측정한다. 뷰렛 아래에 무게를 이미 알고 있는 삼각플라스크에 받치고, 정확하게 5 mL 표선까지 물을 흘려받아 뚜껑을 닫고 무세를 단다. 계속해서 10 mL 표선까지 물을 받고 다시 무게를 단다. 같은 방법으로 5 mL 간격으로 50 mL 표선에 이르기까지 계속해서 물을 받아 그 무게를 달아 기록한다.

각 부피에서의 실험값으로부터 보정값을 산출하여 그래프를 작성한다. 이때 이들 결과는 0.04 mL 이내에서 서로 일치해야 한다.

예비보고서

Laboratory Experiments for **GENERAL CHEMISTRY**

20 년 월 일

학부(학과) ______ 학번 ______

조 ______ 이름 ______

결과보고서

20　　년　　월　　일

학부(학과) ………………　학번 ………………

조 ………………　이름 ………………

---

1. 피펫의 검정

피펫에서 쏟아낸 물의 무게 ________ g

실온 ________ °C

표준온도(20°C)에서의 부피 계산 ________ mL

상대오차 계산 ________ %

피펫 유리관의 반지름 ________ mm

옮겨 그어야 할 표선의 길이 (상,하) ________ mm

2. 용량플라스크(TC형)의 검정

용량플라스크의 무게 ________ g

증류수를 채운 용량플라스크의 무게 ________ g

물의 무게 ________ g

실온 ________ °C

용량플라스크의 무게 ________ g

표준온도(20°C)에서의 부피 계산 ________ mL

상대오차 계산 ________ %

실온에서 50 mL의 물의 무게 계산 ________ g

옮겨 그어야 할 표선의 길이 (상,하) ________ mm

3. 뷰렛의 보정

뷰렛의 보정 결과

뷰렛의 눈금 (mL)	플라스크와 물의 무게 (g)	물의 무게 (g)	20°C에서의 무게 (g)	벗어남(1 , 2) (mL)
0.00				
5.00				
10.00				
15.00				
20.00				
30.00				
35.00				
40.00				
45.00				
50.00				

뷰렛의 보정 그래프

토의 및 고찰

문제

1. 20°C에서 500.0 mL인 플라스크가 35°C에서는 몇 mL인가?

2. 50 mL 피펫이 26°C에서 49.82 g의 물을 쏟아낸다. 이것을 검정하시오.

3. 정확한 1 L들이 플라스크가 25°C에서 담고 있는 물의 무게는 얼마인가?

실험 02

액체 시약 만들기

목 적

화학실험에서 사용되는 각종 액 · 고체 시약을 이용하여 %농도, 몰농도, 몰랄농도, 노르말농도의 시약을 만들고, 시약의 사용 및 보관하는 방법을 익힌다.

원 리

화학반응에 사용되는 용액은 그 속의 용질이 얼마만큼 화학반응에 관여하였는지를 실험자에게 알려 주기 때문에 정확하게 만들어져야 하는데, 용액속에 용질의 양이 얼마나 존재하는지를 나타내는 것을 그 용액의 농도라고 하며 농도 표시법에는 % 농도, 몰농도, 노르말 농도 등이 있다.

첫째, % 농도는 다음과 같은 네 가지의 농도가 있다.

(1) v/v %농도 : 용액 1,000 mL 속에 녹아 있는 용질의 mL 수 [mL/L] vol% 표시
(2) w/w %농도 : 용액 100 g 속에 녹아 있는 용질의 g수 [g/g] wt% 표시
(3) w/v %농도 : 용액 1,000 mL 속에 녹아 있는 용질의 g수 [g/L]% 표시
(4) v/w %농도 : 용액 100 g 속에 녹아 있는 용질의 mL수 [mL/g]

일반적으로 w/w %농도를 %농도와 혼동이 되며 그 차이는 밀도의 차이이다. w/w %농도는 무게백분율이라 부르며, v/v %농도는 부피백분율이라고 말한다.

둘째, 몰농도(molar concentration; M)는 용액 1 L 속에 포함된 용질의 mole수로 표시한 농도를 말한다.

$$M = \frac{w}{M_{용질}} \times \frac{1000}{V}$$

여기서, w는 용질의 질량(g), $M_{용질}$은 용질의 분자량, V는 용액의 부피(mL)이다.

$$M = \frac{(10 \times \%\ 농도 \times 비중)}{M_{용질}}$$

셋째, 몰랄농도(molarity ; m)는 용매 1,000 g 속에 녹아 있는 용질의 몰수를 말하며, *m*으로 표시한다. 단위는 [mol/kg], 주로 라울의 법칙이나 삼투압 측정 등에 이용된다.

$$\text{몰랄농도}(m) = \frac{\text{용질의 질량}(w)}{M_{\text{용질}}} \times \frac{1000}{\text{용매의 질량}(g)}$$

이때, 용매 1,000 g에 유의해야 한다.

넷째, 노르말 농도(normal concentration ; N)는 용액 1 속에 포함된 용질의 g당량수를 표시한 농도를 노르말 농도(규정농도)라고 하며 N으로 표시한다. 용액 속에 포함된 용질의 g 당량수는 노르말 농도와 용액의 부피로부터 산출할 수 있다

$$\text{노르말농도(N)} = \frac{\text{용질의 질량}(w)}{\text{분자량(M)}} \times \frac{1000}{\text{용액의 부피(mL)}}$$

즉, $\text{g 당량수} = \frac{\text{분자량(M)}}{\text{1분자중의 } H^{-} \text{ 또는 } OH^{-} \text{ 수}}$이다.

참고사항

1. 당량

- **원소의 당량** : 1개의 수소무게와 결합하는 어떤 원소의 무게를 결합무게 또는 당량이라고 하며, 원자량을 원자가로 나눈 값이다.

$$\text{당량} = \frac{\text{원자량}}{\text{원자가}} \tag{1}$$

- **원자단의 당량** : 원소의 당량과 마찬가지로 원자단에 들어 있는 모든 원자의 원자량의 합을 원자단의 원자가로 나눈 값이다.

$$\text{당량} = \frac{\text{원자단에 들어있는 모든 원자의 원자량의 합}}{\text{원자단의 원자가}} \tag{2}$$

- **화합물의 당량** : 두 가지 이상의 이온으로 된 화합물의 당량은 분자량을 전체 이온의 산화수로 나눈 값이다.

$$\text{당량} = \frac{\text{분자량}}{\text{양이온의 전체 산화수}} \tag{2}$$

2. 묽힘과 농축

두 가지 용액이 서로 정량적으로 반응한다면 일정량의 한 용액과 반응하는 다른 용액의 양은 다음식으로 구한다.

$$N \times V = N' \times V' \tag{4}$$

memo

N과 V는 두 용액 중 한 용액의 규정농도와 부피이고 N'과 V'은 다른 용액의 규정농도와 부피이다. 이는 보다 낮은 규정농도를 가진 용액으로 환산하는 데에도 이용된다.

3. 농도의 단위

- **부피단위** : 일반적으로 부피의 단위로는 L, mL 및 μL 등이 쓰인다. cc와 mL는 거의 같은 부피를 말하나, 엄격하게 말하자면 1 = 1000.27 cc 이므로 1 = 1000 mL 식으로 mL단위를 쓰는 것이 좋다. 1 L는 48°C, 1 atm 하에서 순순한 물 1 kg이 차지하는 부피로서 정한 값이다. 1 mL = 1000 μL이다.
- **무게단위** : 무게단위로는 g, mg 및 μg (1 μg = 0.001 mg) 등이 있다.
- **ppm** : 묽은 용액의 농도단위로서 parts per million의 약자이다. 100만분의 1을 1 ppm이라 하고, μg/g, μg/mL, mg/L, g/t와 같이 매우 묽은 농도를 표시할 때 사용한다.
- **percentage(%)** : 용액 100 g속에 용해되어 있는 용질의 g수로 표시한다(무게 %, W/W%).

4. 시약의 사용 및 보관

시약을 만드는 경우 시약의 규격, 시약 만들기에 사용하는 기구, 특히 측용기의 정밀도, 용액의 농도, 시약을 만들 때의 유의사항등을 먼저 숙지하는 것이 좋다. 액체 시약을 시약병으로부터 취할 때 라벨이 붙어 있는 부분을 손으로 잡고 따라내면 라벨이 시약에 의해 오염되거나 부식되지 않는다. 또한 액체 시약을 시약병으로부터 취할 때 피펫을 이용하는 것이 용이하다. 고체 또는 분말의 시약은 시약스푼을 사용하여 취하며, 이 시약스푼을 시약병에 넣으면 이 시약병은 더 이상 사용할 수 없게 된다. 한번 시약병으로부터 꺼낸 시약은 다시 병에 넣지 않는다. 시약이 외부로부터 오염 될 수 있기 때문이다. 한 번 사용한 시약병은 가능한 한 빨리 마개를 닫는 것이 좋다. 왜냐하면, 시약의 농도가 변화하거나 공기중의 유해물질을 흡수할 수 있기 때문이다. 또한 사용한 시약은 항상 지정된 시약 보관장소에 돌려 놓아야 한다. 만든 시약은 만든 후 즉시 라벨을 반드시 붙인다. 라벨에는 시약명, 농도, 용도, 날짜, 만든사람의 이름을 기입해 놓는다. 시판되는 기본적인 시약들의 비중과 농도는 표 2.1과 같다.

5. 시약의 등급

일반적으로 화학약품에는 지제 S.P., 지급 G.R., 일급 E.P., 화학용 C.P., 등의 구별이 있다.

memo

표 2.1 시판되는 주요 시약의 비중과 농도

시약명		비중	농도			
			%(g/100 g)	g/100 mL	M	N
진한 염산	conc HCl	1.19	37	44.0	12.0	12.0
진한 질산	conc HNO_3	1.42	70	99	16	16
진한 황산	conc H_2SO_4	1.82	96.2	177	18	36
빙초산	glacial CH_3COOH	1.06	98	104	17.3	17.3
진한 암모니아수	conc NH_3OH	0.90	28	25	15	15
과산화수소	H_2O_2	1.11	30	33	9.7	9.7

표 2.2 시약의 등급

격 차	시약의 등급		
S. P.	Specially Prepared Reagent	....	용도별 지제시약
U. F.	Ultra Fine Grade	....	정밀분석용 시약
G. R.	Guaranteed Reagent	....	지급시약
E. P.	Extra Pure Reagent	....	1급시약
C. P.	Chemical Pure Reagent	....	1급시약

기구 및 시약

250 mL 용량플라스크, 250 mL 용량플라스크, 10 mL 피펫, 저울, NaOH, HCl, H_2O_2, NaCl

실험방법

1 1 M NaOH 용액 250 mL 만들기

250 mL 용량플라스크를 깨끗이 세척하여 준비한다. 이때 용기 내에 수분이 없도록 용기를 완전히 건조한다. NaOH 0.25 mole에 해당하는 g을 정확히 측정하여 250 mL 용량플라스크에 넣고 증류수를 조금씩 가하여 NaOH을 완전히 용해시킨 후 용량플

memo

라스크의 표선까지 정확히 증류수를 채운다. 라벨을 만들어 용량플라스크에 붙인다.

이때, 주의할 점은 NaOH는 조해성이 탁월하므로, 사용한 시약병의 마개를 꼭 닫아야 한다.

2 0.3 N HCl 용액 250 mL 만들기

250 mL 용량플라스크를 깨끗이 세척하여 준비한다. 이때 용기 내에 수분이 없도록 용기를 완전히 건조시킨다. 0.3 N HCl에 해당하는 시판되는 HCl의 양을 표 2.1과 식 (4)로부터 구하여, 10 mL 피펫을 이용하여 250 mL 용량플라스크에 정확히 넣고, 증류수를 조금씩 가하면서, 용량플라스크를 잘 흔들어 준다. 그리고, 증류수를 표선까지 채운다. 라벨을 만들어 용량플라스크에 붙인다.

3 5.0% H_2O_2 용액 250 mL 만들기

250 mL 용량플라스크를 깨끗이 세척하여 준비한다. 이때 용기 내에 수분이 없도록 용기를 완전히 건조한다. 5.0% H_2O_2에 해당하는 시판되는 H_2O_2의 양을 표 2.2를 이용하여 구하고, 10 mL 피펫을 이용하여 250 mL 용량플라스크에 정확히 넣고, 증류수를 조금씩 가하면서, 용량플라스크를 잘 흔들어 준다. 그리고, 증류수를 표선까지 채운다. 라벨을 만들어 용량플라스크에 붙인다.

4 2.42 m NaCl 용액을 증류수 472 g을 이용하여 만들기

500 mL 용량플라스크를 깨끗이 세척하여 준비한다. 이때 용기 내에 수분이 없도록 용기를 완전히 건조시킨다. 472 g의 물에 대한 필요한 NaCl의 몰수를 구한다. 구한 NaCl의 몰수를 이용하여 2.42 *m* NaCl에 해당하는 NaCl의 g수를 얻는다. 얻은 NaCl의 g수를 정확히 칭량하여, 증류수 472 g을 가하여 2.42 *m* NaCl용액을 얻는다. 라벨을 만들어 플라스크에 붙인다.

예비보고서

Laboratory Experiments for **GENERAL CHEMISTRY**

20 년 월 일

학부(학과) ____________ 학번 ____________

조 ____________ 이름 ____________

결과보고서

Laboratory Experiments for **GENERAL CHEMISTRY**

20 년 월 일

학부(학과) ________ 학번 ________

조 ________ 이름 ________

토의 및 고찰

문제

1. 발열반응과 흡열반응의 정의를 설명하고, 그림으로 표기 하시오.

2. 주위에서 관찰 할 수 있는 발열반응과 흡열반응의 예를 쓰시오.

실험 03

용액의 총괄성(분자량 결정)

목 적

기체상태의 분자는 밀도를 측정함으로써 쉽게 분자량을 결정할 수 있다. 19세기 후반으로 넘어가면서 다소 복잡한 유기물질을 다루게 되자 분자량을 구하는 문제가 새롭게 대두되었다. 아보가드로의 원리에 입각해서 분자량을 측정하려면 기체의 밀도를 비교해야 하는데, 에탄올, 아세트산, 설탕같이 실온에서 액체나 고체인 물질을 기체로 바꾸어서 밀도를 재는 것은 아주 어렵거나 아예 불가능했기 때문이다. 본 실험에서는 비타민 C를 예로 들어, 이러한 화합물의 분자량을 어떻게 구할 수 있나 알아본다.

원 리

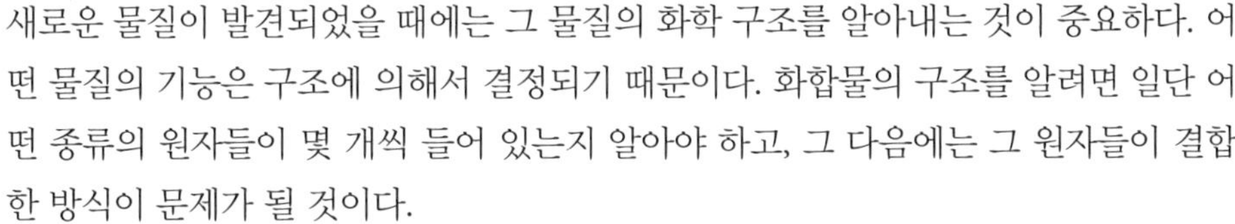

새로운 물질이 발견되었을 때에는 그 물질의 화학 구조를 알아내는 것이 중요하다. 어떤 물질의 기능은 구조에 의해서 결정되기 때문이다. 화합물의 구조를 알려면 일단 어떤 종류의 원자들이 몇 개씩 들어 있는지 알아야 하고, 그 다음에는 그 원자들이 결합한 방식이 문제가 될 것이다.

비타민 C의 구조와 분자량을 다루기 위해서 순수하게 정제된 비타민 C의 성분 원소를 조사해서 탄소, 수소, 산소만을 포함한다는 사실을 알게 되었다. 이 화합물의 분자 구조와 분자량을 알기위해 원소분석을 해보면 탄소, 수소, 산소가 3 : 4 : 3 비율로 들어있었다. 이렇듯 비타민 C의 실험식이 $C_3H_4O_3$이라면 실제 비타민 C의 분자식은 이 실험식의 정수배가 될 것이다. 따라서 분자량을 알면 비타민 C가 $C_3H_4O_3$인지 $C_6H_8O_6$인지 $C_9H_{12}O_9$인지 아니면, 그 이상의 배수인지를 구별할 수 있을 것이다.

상온에서 기체인 화합물에 대해서는 아보가드로의 원리를 이용해서 분자량을 잴 수 있지만 100년 전 만해도 상온에서 액체나 고체인 화합물의 분자량을 결정하는 것은 아주 어려운 일이었는데, 다행히 어는점 내림이라는 현상이 있어서 분자량을 결정할 수 있었다.

물질이 액체 용매에 녹았을 경우 어는점은 순수 용매보다 내려간다. 이러한 현상을 "빙점강하"라고 하며 용질의 종류에 무관한 물성이다. 이 물성의 양에 의존하는 성

memo

질로 용매에 녹아 있는 용질의 몰수에 대해 대략 직선적인 변화를 나타낸다. 그러므로 알려진 질량의 물질을 용매에 녹여 어는점 내림을 측정함으로써 분자량을 측정할 수 있다.

$$\Delta T_f = k_f \cdot m$$

ΔT_f : 순수용매와 용액의 어는점 차이
k_f : 몰랄 어는점 내림상수
m : 몰랄농도

$$m = \frac{w}{MW} \times 1000$$

m : 용질의 분자량
w : 용질의 질량
W : 용매의 질량

$$\Delta T_f = k_f \frac{1000w}{MW}$$

$$M = \frac{1000 \cdot w \cdot k_f}{W \cdot \Delta T_f}$$

표 3.1 시판되는 주요 시약의 비중과 농도

용매	어는점(℃)	k_f	용매	어는점(℃)	k_f
물	0	1.86	아세트산	16.7	3.9
황산	10.5	6.81	시클로헥산	6.5	20.0
아닐린	−6	5.87	나프탈렌	80.2	6.9
벤조산	122	7.85	페놀	42	7.27
안트라퀴논	285	14.8	벤젠	5.5	5.12
안트라센	217	11.6	니트로벤젠	5.7	6.9

⇒ 어는점 내림: 순수한 용매의 어는점과 용액의 어는점의 차이 ΔT_f를 용액의 어는점 내림(빙점강하)이라 하고 이 값은 용액의 몰랄농도에 비례한다.

기구 및 시약

비타민 C, 시험관, 증류수, 스티로폼컵, 염화나트륨, 천일염(굵은 소금), 얼음, 젓개, 스톱워치, 스탠드, 온도계 2개 (이 중 하나는 +2도에서 −10도까지 온도를 정확하게 측정할 수 있는 온도계)

실험방법

1 실험 A

(1) 시험관에 비타민 C 1.00 g을 취한 다음 5.0 mL 증류수를 가하여 녹인다.

(2) 스티로폼 컵에 충분한 양의 얼음과 굵은 소금을 넣는다. 온도계를 비커에 넣어, 비이커 내부의 온도가 실험 도중 충분히 낮게 유지되는지 수시로 확인한다.

(3) 젓개를 끼운 온도계를 시험관 안 용액에 충분히 잠기도록 장치한다.

(4) 이 시험관이 얼음물에 충분히 잠기도록 장치한 다음, 온도가 내려가서 +2.0 도가 된 다음부터 5분 동안 10초 간격으로 온도를 기록한다(과냉각 방지를 위해 계속 젓개를 움직여 준다).

(5) 다른 시험관에 증류수만 5.0 mL 담가서 위의 실험을 동일하게 수행한다.

2 실험 B

(1) 비타민 C 용액과 같은 몰랄 농도의 소금 용액을 만들어 5.0 mL를 시험관에 담는다.

(2) 시험관에 온도계와 젓개를 꽂은 뒤, 얼음 물속에 잠기도록 장치한다.

(3) 젓개로 저어주면서 10초 간격으로 온도를 기록한다. 5분 동안 기록한다.

※유의사항

a. 얼음이 녹지 않도록 중간 중간에 얼음을 갈아주고, 온도를 되도록 일정한 정도로 충분히 낮게 유지한다.

b. 과냉각에 의하여, 온도가 떨어졌다가 얼기 시작하면서 온도가 약간 올라간 다음 한 동안 그대로 유지된다. 이 때, 다시 올라간 온도를 어는점으로 취한다.

c. 증류수나 샘플로 여러 번 반복하여 익숙해진 후에 다음 실험으로 진행한다.

d. 비이커에 얼음과 같이 넣는 소금은 굵은 소금을 사용한다.

예비보고서

20 년 월 일

학부(학과) .... 학번 ....

조 .... 이름 ....

결과보고서

20 년 월 일

학부(학과) ______________ 학번 ______________

조 ______________ 이름 ______________

---

1. 실험 A

실험 A에서는 시간 대 온도 그래프를 그리고 어는점 내림을 통해서 비타민 C의 분자량을 계산하고 이를 이론값과 비교한다(어는점 내림을 계산할 때 증류수를 이용한 보정을 해주어야 한다).

증류수의 어는점 __________ °C

비타민 C 용액의 어는점 __________ °C

비타민 C 용액의 어는점 내림 __________ °C

비타민 C의 분자량 __________

비타민 C의 이론값 __________

비타민 C의 분자식 __________

비타민 C의 실험식 __________

2. 실험 B

마찬가지로 실험 B에서도 시간 대 온도 그래프를 그리고 온도 보정을 한 후 비타민 C 용액의 결과와 비교한다.

1.00 g 비타민 C를 5.0 mL의 증류수에 녹인 용액의 몰랄농도는 ______이다. 이와 같은 몰랄농도의 소금용액을 만들려면 _______ g을 5.0 mL의 증류수에 녹이면 된다.
이렇게 만든 소금용액의 어는점 내림은 _________ °C 이다.
이값을 같은 몰랄농도의 비타민 C 용액의 어는점 내림으로 나누면
________ / ________ = ________
이로부터 NaCl은 ________개의 이온으로 전리하는 것을 알 수 있다.

토의 및 고찰

실험 04

수화물에 포함된 수분 함량 결정

목 적

수화물에 포함되어 있는 결정수의 함량은 온도와 습도에 따라 다르다. 본 실험에서는 상온에서 안정한 몇가지 수화물을 가열하여 무게의 감소량으로부터 결정수의 함량을 구하고, 이론적인 함량과 비교해 본다.

원 리

대부분 이온화합물들은 수용액으로부터 결정을 얻는다. 이들 결정들은 가열하면 결정 구조로부터 빠져나온 물 때문에 질량이 감소된다. 이 때 결정의 구조나 외형이 바뀌며, 때로는 결정의 색깔이 바뀌기도 한다. 결정구조에 물 분자가 포함된 화합물을 수화물(hydrate)이라고 한다. 수화물은 그들의 결정구조에 물 분자를 포함하는 순물질(pure substance)이다. 수화물을 가열하면 물 분자가 빠져나온다. 포함된 물을 모두 제거한 고체를 무수물(anhydrous)이라고 한다. 수화물의 화학식을 화합물을 이루는 각 원자의 상대적 수와 포함된 물 분자의 수도 화학식에 함께 나타낸다. 수화물의 대표적인 예는 겨울철 제설제로 사용하는 염화칼슘 이수화물이 있다. 염화칼슘 이수화물의 화학식은 $CaCl_2 \cdot 2\,H_2O$이다. 화학식에서 중간점은 고체상태의 염화칼슘에 2개 물 분자가 약한 결합에 의해서 이온에 결합되어 있다는 것을 나타낸다. 염화칼슘 이수화물에 있는 물 분자는 수화물을 가열하면 제거할 수 있다.

$$\underset{\text{이수화물}}{CaCl_2 \cdot 2\,H_2O} \longrightarrow \underset{\text{무수물}}{CaCl_2} + 2\,H_2O$$

전형적인 수화물에서 물 분자의 수는 염에 따라서 다른 특성이며, 대체로 1에서 10사이이다. 수화물의 화학식은 수화물에 포함되어 있는 물 분자를 함량-가열했을 때 감소된 물의 질량을 초기 수화물의 질량으로 나눈 질량비로부터 구할 수 있다. 몇 가지 일반적인 수화물의 화학식과 그들의 무수염을 표에 나타내었다.

memo

	화학명	수화물	무수염
탄산소다(세탁소다)	탄산소듐(나트륨)	$Na_2CO_3 \cdot H_2O$	Na_2CO_3
석고	황산칼슘	$CaSO_4 \cdot 2H_2O$	$CaSO_4$
사리염	황산마그네슘	$MgSO_4 \cdot 7H_2O$	$MgSO_4$

고체 수화물을 가열하면 각 이온에 약하게 결합되어 있는 물을 제거할 수 있다. 이때 물의 함량은 가열 전후 고체질량을 측정하여 결정할 수 있다. 미지 수화물은 알려진 수화물의 수분 함량과 실험에서 얻은 수분 함량을 비교해서 확인할 수 있다.

결정수의 이론적인 함량은 다음과 같다.

원자질량의 합계	$BaCl_2$	$BaCl_2 \cdot H_2O$	$BaCl_2 \cdot 2H_2O$	$BaCl_2 \cdot 3H_2O$
$BaCl_2$	208.23	208.23	208.23	208.23
nH_2O	0	18.02	36.04	54.06
$BaCl_2 \cdot nH_2O$	208.23	226.25	244.27	262.29
수화물에서 물 함량	0%	7.96%	14.75%	20.61%

미지시료 준비

	$CuSO_4 \cdot 5H_2O$	$MnCl_4 \cdot 4H_2O$	$ZnSO_4 \cdot 7H_2O$
원자질량의 합(무수물)	159.61	125.83	
원자질량의 합(nH_2O)	90.10		
원자질량의 합(수화물)	249.71		
수화물에서 물 함량	36.08%		

$$\text{실험오차} = \frac{|\text{실험값} - \text{문헌값}|}{\text{문헌값}} \times 100\%$$

기구 및 시약

도가니 및 도가니 덮개 또는 시험관(Pyrex), 전자저울, 클램프, 시험관 집게, 가열 장치, 막자사발, 염화바륨이수화물($BaCl_2 \cdot 2H_2O$), 데시케이터(건조체 포함)

memo

실험방법

깨끗한 도가니를 버너나 전기로에서 물기가 없도록 잘 말려 상온으로 식힌 후, 그 무게를 정확히 달아 기록한다. 순수한 염화바륨이수화물 5~6 g을 막자사발에서 갈아 고운 가루로 만들고, 이것을 약 3 g 정도 도가니에 취한 후 그 무게를 정확히 단다. 이것을 버너나 전기로에서 200°C 정도로 약 30분 동안 가열한다. 이때 수증기가 날아가도록 뚜껑을 약간 열어 두는 것이 좋다. 그런 다음 뚜껑을 닫고 건조제로 채워진 데시케이터 안에서 실온으로 식힌다. 다시 무게를 달아 그 무게가 어느 정도 일정해질 때까지 이러한 작업을 반복한다. 가열 전후의 무게의 감소량을 구하여 수분의 함량을 계산하고, 결정수의 이론적인 함량과 비교한다.

예비보고서

Laboratory Experiments for **GENERAL CHEMISTRY**

20 년 월 일

학부(학과) ________ 학번 ________

조 ________ 이름 ________

결과보고서

Laboratory Experiments for **GENERAL CHEMISTRY**

20　　년　　월　　일

학부(학과) ______ 학번 ______

조 ______ 이름 ______

잘 마른 도가니의 무게 ______ g

시료를 담은 도가니의 무게 ______ g

시료의 무게 ______ g

건조 후 시료를 담은 도가니의 무게 ______ g

마른 시료의 무게 ______ g

시료의 감소량 ______ g

결정수의 이론적인 함량에 대한 상대오차 계산 ______ %

토의 및 고찰

문제

1. 결정수와 부착수를 비교, 설명하시오.

2. 가열된 시료를 실온으로 식힐 때 용기의 뚜껑을 닫는 이유는 무엇인가?

실험 05

산-염기 지시약과 공통이온 효과

목 적

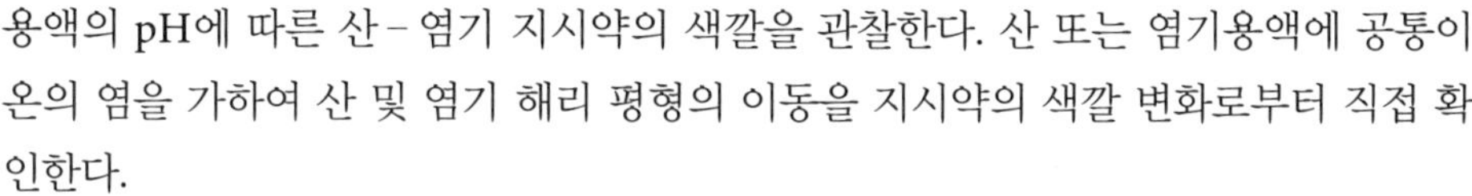

용액의 pH에 따른 산-염기 지시약의 색깔을 관찰한다. 산 또는 염기용액에 공통이온의 염을 가하여 산 및 염기 해리 평형의 이동을 지시약의 색깔 변화로부터 직접 확인한다.

원 리

산-염기 지시약은 용액의 pH 변화에 따라 변색하는 물감으로서, 이들 자체가 약한 산이거나 염기이다. 일반적으로 산-염기 지시약은 산성 색을 띠는 산형(HIn)이 수소이온을 버리면 염기성 색을 띠는 염기형(In^-)으로 변하게 된다. 다음 반응에서와 같이 약산인 산-염기 지시약의 산 해리 상수를 특별히 지시약 상수(K_{HIn})라고 한다.

$$\underset{\text{산}}{\mathrm{HIn}} \rightleftharpoons \mathrm{H^+} + \underset{\text{염기}}{\mathrm{In^-}}$$

$$K_{HIn} = \frac{[H^+][In^-]}{[HIn]}$$

지시약을 가한 후 용액의 색깔은 화학종 HIn과 In^-의 상대적인 농도에 의존하게 되어 다음과 같이 표시된다.

$$\frac{\text{산성 색의 세기}}{\text{염기성 색의 세기}} = \frac{[HIn]}{[In^-]} = \frac{H^+}{K_{HIn}}$$

일반적으로 사람의 눈에는 용액중의 HIn의 농도가 In^-보다 10배 이상이면 산성 색으로 보이고, 이와 반대로 In^-의 농도가 HIn보다 10배 이상이면 염기성 색으로 보인다. 그러므로 용액의 pH에 대해 지시약의 색깔은 다음의 관계를 갖는다.

$$\frac{[HIn]}{[In^-]} = \frac{H^+}{K_{HIn}} \geq \frac{10}{1},\ \text{즉 } pH \geq pK_{HIn} - 1 \text{ 이면 산성 색을 띠고,}$$

memo

표 5.1 산–염기 지시약의 특성

지시약의 이름	제조용매	산성 색	염기성 색	변색 범위(pH)	pK_{HIn}
메틸오렌지	물	붉은색	주황색	3.1 ~4.4	3.4
페놀프탈레인	70% 알코올	무색	자주색	8.0 ~9.8	?

$$\frac{[HIn]}{[In^-]} = \frac{H^+}{K_{HIn}} \leq \frac{10}{1}, \text{ 즉 } pH \leq pK_{HIn} + 1 \text{ 이면 산성 색을 띠고,}$$

즉 pH 눈금에서 다음과 같다.

$$\begin{array}{ccc} pK_{HIn} - 1 & pK_{HIn} & pK_{HIn} + 1 \\ \longrightarrow \text{산성 색} \longleftarrow | \longrightarrow & \text{혼색} & \longleftarrow | \longrightarrow \text{염기성 색} \longleftarrow \end{array}$$

지시약이 혼색을 나타내는 pH 영역을 지시약의 변색 범위라고 하는데, 이론적으로는 $pK_{HIn} \pm 1$로서, pH 단위로 2 정도이다. 예를 들어 잘 알려진 산-염기 지시약으로는 메틸오렌지와 페놀프탈레인이 있는데, 표 5.1과 같은 특성을 갖는다.

약산인 아세트산($pK_a = 4.76$)의 해리 평형은 다음과 같다.

$$CH_3COOH \rightleftharpoons H^+ + CH_3COO^-$$

여기에 물에 완전히 해리되는 아세트산나트륨(CH_3COONa)을 가하면 르 샤틀리에의 원리에 의해 평형은 왼쪽으로 이동하여 $[H^+]$는 감소하게 된다. 정량적으로는 다음 식에서 공통이온인 CH_3COO^-의 농도가 증가함에 따라 $[H^+]$는 감소하게 된단.

$$K_a = \frac{[H^+][CH_3COO^-]}{[CH_3COOH]}$$

이러한 평형의 이동은 결과적으로 pH를 변화시키며, 이것을 산-염기 지시약의 색깔 변화로 직접 확인할 수 있다.

기구 및 시약

눈금피펫(10 mL), 시험관(30~50 mL 10개), 시험관 받침대, 0.1 M HCl, 0.1 M NaOH, 0.1 M 아세트산, 0.1 M 수산화암모늄, 아세트산나트륨, 염화암모늄, 메틸오렌지 지시약, 페놀프탈레인 지시약

memo

실험방법

1 지시약의 변색

수소이온 농도가 각각 10배씩(pH 1) 차이 나는 산성 및 염기성 용액을 각각 네 가지 만든다. 크기가 같은 4개의 시험관을 준비한 후, 첫 번째 시험관에 0.1 M HCl 2.0 mL를 넣은 다음 다시 증류수 18.0 mL를 가한 후에 잘 섞는다. 두 번째 시험관에 첫 번째 시험관에서 만든 용액을 2.0 mL 취하여 넣은 다음 증류수 18.0 mL를 가한다. 세 번째와 네 번째 시험관도 같은 방법으로 단계적으로 용액을 희석시킨다.

같은 방법으로 0.1M NaOH 용액을 이용하여 네 가지 염기성 용액을 만들고, 모든 용액이 준비되면 각 시험관에 10 mL 정도만 남기고 나머지는 버린다. 각 용액의 수소이온 농도를 계산하여 pH값을 시험관에 표시한다. 메틸오렌지 지시약을 각 시험관에 정확히 3방울씩 넣은 다음 잘 흔든 후, 시험관 받침대에 pH순으로 꽂아 둔다. 용액의 pH값에 따라 지시약의 색깔 변화를 관찰한다. 이상의 8개의 용액은 다음의 공통이온 효과 실험을 위한 표준색깔로 사용되므로, 시험과 받침대에 잘 정렬한다.

2 공통이온 효과

0.1 M 아세트산 100 mL를 시험관에 넣은 다음 메틸오렌지 지시약 3방울을 가한다. 앞에서 만든 각 용액의 표준색깔과 비교하여 대략의 pH값을 예측한다. 0.1 M 아세트산의 pH를 계산해 보고, 이 값을 예측한 실험값과 비교한다. 이 용액에 다시 공통이온 염인 아세트산나트륨 1.0 g을 가하여 녹이고, 색깔 변화로부터 pH를 예측한다.

새로운 시험관에 0.1 M 수산화암모늄 10 mL를 넣은 다음 페놀프탈레인 지시약 3방울을 가한다. 앞에서와 같은 방법으로 pH의 실험값과 계산값을 비교한다. 여기에 다시 공통이온 염인 염화암모늄 0.5 g을 가하여 녹이고, 색깔 변화로부터 pH를 예측한다.

예비보고서

Laboratory Experiments for **GENERAL CHEMISTRY**

20 년 월 일

학부(학과) ________ 학번 ________

조 ________ 이름 ________

결과보고서

Laboratory Experiments for **GENERAL CHEMISTRY**

20 년 월 일

학부(학과) ______ 학번 ______

조 ______ 이름 ______

1. 8종류의 산성 및 염기성 용액에 대한 농도와, 지시약을 넣었을 때의 대략적인 색깔을 기록하라.

시험관	H^+농도(M)	pH	색깔
1			
2			
3			
4			
5			
6			
7			
8			
9			

2. (1) 용액의 색깔로부터 예측한 0.1 M 아세트산 용액의 pH ______

(2) 1.0 g의 아세트산나트륨을 가한 후 예측한 pH ______

(3) 용액의 색깔로부터 예측한 0.1 M 수산화암모늄 용액의 pH ______

(4) 0.5 g의 염화암모늄을 가한 후 예측한 pH ______

토의 및 고찰

문제

1. 0.1 M 아세트산(pK_a = 4.76) 용액의 수소이온 농도를 구하고, 앞의 관찰 결과와 비교하라

$$CH_3COOH \rightleftharpoons CH_3COO^- + H^+$$

2. 0.1 M 아세트산 용액에 0.1 g의 아세트산나트륨을 가했을 때의 용액의 pH를 구하라. 단 아세트산나트륨은 완전히 이온화하여 용액중의 아세트산 이온의 농도는 염의 농도와 같다고 가정하라.

실험 **06**

화학평형(I)

목 적

평형을 이루고 있는 반응계에 특정 화학종을 첨가하거나 제거하여 화학평형의 이동을 관찰하고, 이것으로부터 르 샤틀리에의 원리를 이해한다.

원 리

닫힌 계에서 반응의 조건(온도, 압력 등)에 따라 정반응과 역반응이 모두 가능한 반응을 가역반응(reversible reaction)이라하고, 수용액 속에서 침전의 생성, 기체의 발생, 비전해질의 생성에 해당하는 반응은 정반응으로만 진행되므로 비가역(irreversible) 반응이라한다.

화학평형은 정반응과 역반응의 속도가 같은 상태를 말하며, 평형에서는 모든 물질의 농도가 일정하게 유지된다.

반응이 평형상태에 있을 때, 농도 · 온도 · 압력 등의 평형 조건을 변화시키면, 그 변화를 없애고자 하는 방향으로 반응이 일어나 새로운 평형에 도달한다. 이것을 르 샤틀리에(Le Chatelier)의 원리라고 하며, 여기서, 화학평형 이동에 영향을 주는 인자로는 온도, 농도, 그리고 압력 등을 들 수 있다.

첫째, **온도의 영향**. 온도를 올리면 열을 흡수하는(흡열반응) 쪽으로 화학평형이 이동되며, 반대로 온도를 내리면 발열반응 쪽으로 화학평형이 이동 한다. 둘째, **농도의 영향**. 어느 한 물질의 농도를 증가시키면, 그 물질의 농도가 감소하는 쪽으로 화학평형이 이동하며, 반대로 어느 한 물질의 농도를 감소시키면, 그 물질의 농도가 증가하는 쪽으로 화학평형이 이동 한다. 셋째로, **압력의 영향**. 반응 용기의 부피를 감소시켜 전체 압력을 높이면, 압력이 낮아지는 방향(기체의 분자수가 감소하는 방향)쪽으로 화학평형이 이동하게 된다. 그러나 기체분자수 변화가 있는 반응은 아무런 변화가 없다. 반면에, **촉매의 영향은 화학평형과 무관하다**. 촉매는 정반응과 역반응 속도에 똑같이 영향을 미치므로 평형에는 아무런 영향을 주지는 못하며 단지 평형상태에 도달하는 시간을 단축시킨다.

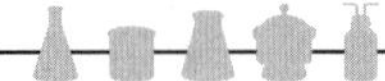

기구 및 시약

비이커(100 mL), 시험관(30~50 mL 3개), 시험관 받침대, NaCl 포화용액, 진한 HCl, 0.1 M HCl, 0.1 M NaOH, 0.1 M KSCN, 브로모크레졸블루 지시약, 0.2 M $Fe(NO_3)_3 \cdot 9\,H_2O$

실험방법

1 NaCl의 용해도 평형

시험관에 NaCl 포화용액 5 mL를 넣는다. 여기에 진한 HCl 2~3방울을 가한 후에 결과를 관찰한다.

2 산-염기 평형

시험관에 4 mL의 증류수를 넣은 다음 브로모크레졸블루(푸른색) 지시약 2~3방울을 가한다. 여기에 색깔 변화를 관찰할 수 있을 때까지 0.1 M NaOH를 한방울씩 가하고, 색깔이 확실히 변하면 두 방울을 더 가한다.

3 $Fe(SCN)(H_2O)_5^{2+}$ 착이온의 평형

비이커에 0.2 M $Fe(NO_3)_3 \cdot 9\,H_2O$ 용액 2 mL를 넣은 다음, 여기에 0.1 M KSCN 4 mL를 넣은 후 약 55 mL의 증류수를 넣고 색깔 변화를 관찰한다. 이때 용액의 붉은색이 너무 진하면 증류수를 더 넣는다. 이 용액을 3개의 시험관에 각각 약 4 mL씩 담는다.

첫 번째 시험관에는 $Fe(NO_3)_3$ 용액 10~15방울을 가한다. 두 번째 시험관에는 KSCN 용액 10~15방울을 가한다. 세 번째 시험관에는 6 M NaOH 2~3방울을 가한다. 각 시험관의 변화를 관찰한다.

예비보고서

20 년 월 일

학부(학과) .... 학번 ....

조 .... 이름 ....

결과보고서

Laboratory Experiments for **GENERAL CHEMISTRY**

20　　년　　월　　일

학부(학과) ....　　학번 ....

조 ....　　이름 ....

	평형 반응식	**관찰 결과**	**평형의 이동방향**
NaCl의 용해도			
산-염기 평형			
$Fe(SCN)(H_2O)_5^{2+}$		1. 2. 3.	1. 2. 3.

토의 및 고찰

문제

1. 브로모크레졸블루 지시약의 색깔 변화 특성에 대해 조사하시오.

2. $FeSCN^{2+}$의 형성에 미치는 pH의 효과에 대해 설명하시오.

실험 07

화학평형(II)

목 적

화학평형은 반응물 또는 생성물의 농도, 온도, 압력 등의 영향을 받는다. 이 실험에서는 반응물과 생성물의 농도, 온도 등을 변화시켜 평형이 어떻게 이동되는지, 즉 Le Chatelier의 원리를 이해하는 데 그 목적이 있다. 아울러 전이금속착물의 구조와 색에 관하여 이해한다.

원 리

$CoCl_2$ 수용액에서 지배적인 화학종은 팔면체 착물인 $[Co(H_2O)_6]^{2+}$이다. 진한 염산 용액에서는 사면체인 $[CoCl_4]^{2-}$가 주 화학종이 된다. 용액의 조성에 따라 $[Co(H_2O)_6]^{2+}$, $[CoCl(H_2O)_5]^{+}$, $[CoCl_2(H_2O)_2]$, $[CoCl_4]^{2-}$ 등의 화학종들이 평형을 이루고 있다. 여기서 $[Co(H_2O)_6]^{2+}$와 $[CoCl(H_2O)_5]^{+}$는 분홍색이며 빛을 적게 흡수하여 연하다. 반면에 $[CoCl_2(H_2O)_2]$, $[CoCl_3(H_2O)]_2$와 $[CoCl_4]^{2-}$는 보라색을 띠는 짙은 청색이다. 물질을 구성하는 전자의 에너지준위가 양자화(불연속)되어 있고 에너지가 낮은 상태에서 높은 상태로 전자가 들뜨면서 빛을 흡수하며 반대로 들뜬 상태에서 바닥상태로 전이하면 빛을 방출한다. 우리가 보는 물질의 색은 물질이 흡수하고 남은 빛(보색)이다. 팔면체 전이금속착물에서 d 전자의 에너지준위의 분열은 사면체의 그것보다 크다. 따라서 사면체착물과 팔면체착물의 색이 다르다. 이 실험에서 수행하는 혼합 용매에서 색 변화는 다음 반응을 기초로 이해할 수 있을 것이다.

$$[CoCl(H_2O)_5]^{+} + Cl_2 \rightleftharpoons [CoCl_2(H_2O)_2] + 3\ H_2O$$

memo

기구 및 시약

비이커 500 mL 2개, 시험관 30~50 mL 3개, 시험관대, $CoCl_2 \cdot 6\ H_2O$, KSCN, $CaCl_2$, 2-프로판올, 1-부탄올, 가열장치, 얼음

실험방법

1 과정 A

(a) 시험관에 2-프로판올(이소프로판올) 10 mL를 넣고 $CoCl_2 \cdot 6\ H_2O$ 약 0.4 g을 넣어 녹인다. 용액의 색을 기록한다.

(b) 용액이 분홍색이 될 때까지 증류수를 조금씩 가하면서 흔든다. 1.6~2.0 mL의 증류수가 소요된다.

(c) 끓는 물이 담겨있는 비이커에 시험관을 넣고 흔든다. 용액의 색을 기록한다.

(d) 얼음 물이 담겨있는 비이커에 시험관을 넣고 흔든다. 용액의 색을 기록한다.

(e) 이 용액을 둘로 나누고 이 중 하나의 시험관에 소량의 $CaCl_2$를 첨가하고 녹인 후 두 용액의 색을 비교하여 기록한다.

(f) $CaCl_2$를 가한 시험관에 H_2O를 조금씩 가하여 흔든 후 색 변화를 기록한다.

2 과정 B

(a) 시험관에 1-부탄올 5 mL를 넣고 $CoCl_2 \cdot 6\ H_2O$ 약 0.2 g을 넣어 녹인다. 용액의 색을 기록한다.

(b) 증류수 5 mL를 가하여 잘 흔들어 섞는다. 액체가 두 층으로 분리되도록 놓아둔다. 아래 수용액 층의 색과 1-부탄올 층의 색을 기록한다.

(c) 티오시안산칼륨, KSCN 0.2 g을 가하고 흔든 후 두 층으로 분리되도록 놓아둔다. 아래 수용액 층의 색과 1-부탄올 층의 색을 기록한다.

(d) 뜨거운 물이 담겨있는 비이커에 시험관의 물 층을 넣고 흔든다. 두 용액 층의 색을 기록한다.

(e) 얼음 물이 담겨있는 비이커에 시험관의 물 층을 넣고 흔든다. 두 용액 층의 색을 기록한다.

예비보고서

Laboratory Experiments for **GENERAL CHEMISTRY**

20 년 월 일

학부(학과) ____________ 학번 ____________

조 ____________ 이름 ____________

결과보고서

Laboratory Experiments for **GENERAL CHEMISTRY**

20 년 월 일

학부(학과) .... 학번 ....

조 .... 이름 ....

과 정		관찰 결과(색)	평형의 이동방향(→ 또는 ←)
A	a		$[CoCl_2(H_2O)_2]$의 생성반응
	b		
	c		
	d		
	e		
	f		
B	a		$[CoCl_2(H_2O)_2]$의 생성반응
	b		
	c		
	d		
	e		

토의 및 고찰

문제

1. 이 실험에서의 반응들은 발열반응인지 흡열반응인지를 설명하시오.

2. 과정 B(c)에서 색 변화로부터 어떤 반응이 일어났다고 생각되는가? 또 Cl^-착물과 SCN^-착물의 안정도는 어느 것이 크다고 생각되는지를 설명하시오.

3. 과정 B(c)에서 색 변화를 근거로 하여 Cl^-착물과 SCN^-착물의 물과 1-부탄올 용매계에서의 분배계수(1-부탄올에서의 용해도)가 어떻게 변하였는지를 설명하시오.

실험 **08**

화학반응속도: 시계반응

목 적

화학반응속도는 농도, 온도 및 촉매의 영향을 받는다. 농도변화에 따른 반응속도를 측정함으로써 반응속도상수와 반응차수를 결정할 수 있으며, 온도변화에 따른 반응속도상수 값으로부터 활성화에너지(E_a)를 구할 수 있다.

원 리

일반적으로 화학반응이 다음 반응식과 같이 진행된다면,

$$\mathrm{aA + bB \longrightarrow pP + qQ} \tag{1}$$

반응속도는 반응물질의 농도의 항으로 다음과 같이 나타낼 수 있다.

$$\text{반응속도} = k\,[\mathrm{A}]^m[\mathrm{B}]^n \tag{2}$$

여기서 k는 반응속도상수이며, m과 n은 각 반응물에 대한 반응차수로서 반응식의 계수 a와 b와 같을 수도 다를 수도 있으며, 일반적으로 정수이나 음수 또는 분수를 갖는 경우도 있다. 전체 반응차수는 $m + n$ 이다. m과 n의 농도는 mol/L(M)의 단위로 나타낸다. m은 B의 농도를 고정시키고 A의 농도를 변화시켜 얻은 반응속도를 비교하여 구할 수 있다. n은 A의 농도를 고정시키고 B의 농도를 변화시켜 얻은 반응속도를 비교하여 구할 수 있다. 또 위의 식에 log를 취하면 다음과 같이 된다.

$$\log(\text{반응속도}) = \log k + m\log[\mathrm{A}] + n\log[\mathrm{B}] \tag{3}$$

m은 B의 농도를 고정시키고 A의 농도를 변화시켜 얻은 반응속도 자료의 log 값을 log[A]에 대하여 그려서 기울기로부터 구할 수 있다. n도 유사한 방법으로 구할 수 있다.

반응속도에 미치는 온도의 영향은 일반적으로 다음과 같이 Arrhenius 식으로 기술된다.

$$k - \mathrm{F}\exp(\ E_a/RT) \tag{4}$$

memo

여기서 E_a는 활성화에너지($Jmol^{-1}$)로 반응물질이 반응을 일으키기 위한 최소의 에너지를 말한다. R은 기체상수(8.314 $Jmol^{-1}K^{-1}$)이다. F는 잦음율(frequency factor)이라 불리는 상수이다. 위의 식에 log를 취하면 다음과 같이 된다.

$$\log k = \log F - E_a/2.303\, RT \tag{5}$$

(5)식을 (3)식에 대입하면 다음과 같다.

$$\log(\text{반응속도}) = -E_a/2.303\, RT + \log F + m \log[A] + n \log[B] \tag{6}$$

따라서 여러 온도에서 k값 (또는 반응속도)을 구하고 log$k$ (또는 log(반응속도))를 $1/T$에 대하여 나타낸 직선의 기울기 $-E_a/2.303$ R로부터 활성화에너지 E_a를 구할 수 있다.

이 실험에서 반응물 A는 약산인 $NaHSO_3$와 그것의 염인 Na_2SO_3로 구성되어 있어서 급격한 pH의 변화를 막는 산성 완충용액으로, 반응이 진행됨에 따라 용액의 pH 변화가 서서히 이루어진다. 반응물 A는 산화될 가능성이 있으므로 직전에 제조하는 것이 바람직하다. 반응물 B는 formaldehyde 수용액으로 24시간 전에 준비하는 것이 바람직하다. SO_3^{2-}이온과 formaldehyde 사이의 반응은 다음과 같이 표현된다.

$$SO_3^{2-} + H_2C{=}O + H_2O \longrightarrow HO-CH_2-SO_3^- + OH^- \tag{7}$$

반응에서 OH^-이온이 생성되므로 용액의 pH 변화가 일어나지만 $NaHSO_3$의 H^+와 중화되어 pH가 서서히 변화되다가 $NaHSO_3$의 H^+가 다 소모(즉 완충용량이 초과)되면 용액이 염기성으로 되어 지시약은 색 변화를 일으키게 된다. 이와 같이 반응의 종결을 저절로 시계처럼 정확히 알려주기 때문에 이러한 반응을 시계반응이라 한다.

기구 및 시약

삼각플라스크(500 mL), 비이커, 피펫(또는 뷰렛), 눈금실린더, 스포이드, 온도계, 초시계, $NaHSO_3$, Na_2SO_3, 페놀프탈레인 지시약, 얼음, 항온수조(또는 대치 기구)

실험방법

(1) 과정 (7)을 위하여 항온 수조(또는 가열기)로 약 35°C 물을 준비한다.

(2) 반응물 A를 다음과 같이 제조한다. 250 mL의 증류수에 sodium bisulfite 1.04 g ($NaHSO_3$, 0.0100 mole)과 sodium sulfite 0.158 g(Na_2SO_3, 0.00125 mole)을 녹인다. (정확히 이 무게를 달 필요는 없으며 실제 측정한 무게로 농도 계산을 한다. 시약이 수화물인 경우 H_2O를 고려한 당량으로 무게 측정)

memo

(3) 반응물 B를 다음과 같이 제조한다. 37% formaldehyde 4.5 mL(HCHO, 약 4.9 g 또는 약 0.06 mole)를 250 mL의 증류수에 녹인다.
(4) 500 mL 삼각플라스크에 페놀프탈레인 지시약 10방울 정도를 넣고 아래 표에 열거된 것처럼 증류수와 용액 A를 넣고 온도를 측정한다. 각 실험마다 온도가 일정하게 유지되는 것이 좋다.
(5) 피펫을 이용하여 용액 B를 아래 표에 열거된 것처럼 조그만 비이커에 담는다.
(6) 시계를 준비하고, 용액 B를 용액 A에 가하여 계속 흔들며 가하는 순간부터 적자색이 나타나는 시간을 측정하여 기록한다. 이것을 두 번씩 반복한다.
(7) 반응 1에 주어진 것처럼 용액 A(5 mL)와 증류수(90 mL)가 든 삼각플라스크를 약 35°C 물에 담구어 온도를 유지시킨 후 용액 B(5 mL)를 가하여 실험한다. 이때 반응 초기와 끝의 온도, 반응시간을 기록한다.
(8) 얼음물(또는 0~10°C 같은 저온)에서도 약 35°C에서 진행시킨 위의 과정처럼 실험한다.
(9) A와 B의 부피를 농도 대신 사용하고 식 (2)를 이용하여 반응차수를 구하여 제출용 보고서를 완성한다. 반응 6과 8 그리고 반응 1과 2등을 선택하면 편리하며 각각 m과 n을 구할 수 있다. 이들 자료를 다음 식에 대입한다.

반응	A(mL)	B(mm)	증류수(mL)	총 부피(mL)	온도
1	5.0	5.0	90.0	100.0	실온
2	5.0	10.0	85.0	100.0	실온
3	5.0	15.0	80.0	100.0	실온
4	5.0	20.0	75.0	100.0	실온
5	2.5	10.0	87.5	100.0	실온
6	10.0	10.0	80.0	100.0	실온
7	15.0	10.0	75.0	100.0	실온
8	20.0	10.0	70.0	100.0	실온

상대반응속도 1: ________ $= k$________m________n
상대반응속도 2: ________ $= k$________m________n
상대반응속도 1의 양변을 상대반응속도 2의 양변으로 나눈다. 반응차수 m 또는 n을 얻는다.
모든 자료를 보고서용에 복사하고 제출용을 제출한다.
(10) 정해진 기한까지 다음 순서로 보고서를 완성하여 제출한다. 각 반응 1~8까지의 반응속도상수 k를 구하고 비교 설명하시오.

memo

(11) 보고서용의 나머지 빈 칸과 그래프를 그리기 위한 표를 완성한 후 농도에 따른 반응속도의 그래프를 그리고 최소자승법을 이용하여 기울기를 구하여 반응차수를 구한다. 온도에 따른 반응속도 자료를 이용하여 다른 모눈종이에 log(반응속도)를 $1/T$에 대하여 그래프를 그리고 최소자승법으로 기울기를 구하여 활성화에너지 E_a를 구한다.

예비보고서

20 년 월 일

학부(학과) ____________ 학번 ____________

조 ____________ 이름 ____________

결과 보고서

20 년 월 일

학부(학과) .... 학번 ....

조 .... 이름 ....

1. 반응속도 = $k[HSO_3^-]^m[HCHO]^n = \Delta [OH^-]/\Delta t$

이 실험에서 일정량의 HSO_3^-가 반응할 때까지 시간을 측정한다. 각 반응속도는 지시약의 색이 나타날 때까지의 시간 t에 반비례하므로 각 반응의 상대속도를 1/t로 나타낼 수 있다. 각 반응물의 농도 및 상대 속도를 다음 표에 기록하시오.

과정		A(mL)	B(mL)	$[NaHSO_3]$(M)	[HCHO](M)	T(K)	t(s)	평균(s)	속도(s^{-1})
1	a	5.0	5.0						
	b	5.0	5.0						
2	a	5.0	10.0						
	b	5.0	10.0						
3	a	5.0	15.0						
	b	5.0	15.0						
4	a	5.0	20.0						
	b	5.0	20.0						
5	a	2.5	10.0						
	b	2.5	10.0						
6	a	10.0	10.0						
	b	10.0	10.0						
7	a	15.0	10.0						
	b	15.0	10.0						

과 정		A(mL)	B(mL)	$[NaHSO_3]$(M)	[HCHO](M)	T(K)	t(s)	평균(s)	속도(s^{-1})
8	a	20.0	10.0						
	b	20.0	10.0						
9	a	5.0	5.0						
	b	5.0	5.0						

$NaHSO_3$의 질량 ________ g

Na_2SO_3의 질량 ________ g

HCHO의 양 (농도) ________ g(mL, M)

식 (2) (과정 8)로 계산한

반응물 A에 관한 반응 차수 m = __________

반응물 B에 관한 반응 차수 n = __________

반응속도상수

반응	1	2	3	4	5	6	7	8	평균
K									

그래프를 그리기 위한 표

반응	$[NaHSO_3]$(M)	[HCHO](M)	$\log[NaHSO_3]$	log[HCHO]	속도(s^{-1})	log(속도)
1						
2						
3						
4						
5						
6						
7						
8						

활성화 에너지를 구하기 위한 표

반응	t(s)	속도(s^{-1})	T(K)			log(반응속도)	1/T(K^{-1})
			시작	끝	평균		
1							
9							
10							

그래프의 기울기 (컴퓨터에 의한 분석)로부터 구한
반응물 A에 관한 반응 차수 $m =$ ____________
반응물 B에 관한 반응 차수 $n =$ ____________
전체 반응 차수 ____________

문제

Laboratory Experiments for **GENERAL CHEMISTRY**

20 년 월 일

학부(학과) .... 학번 ....

조 .... 이름 ....

1. log([$NaHSO_3$])에 대한 반응속도

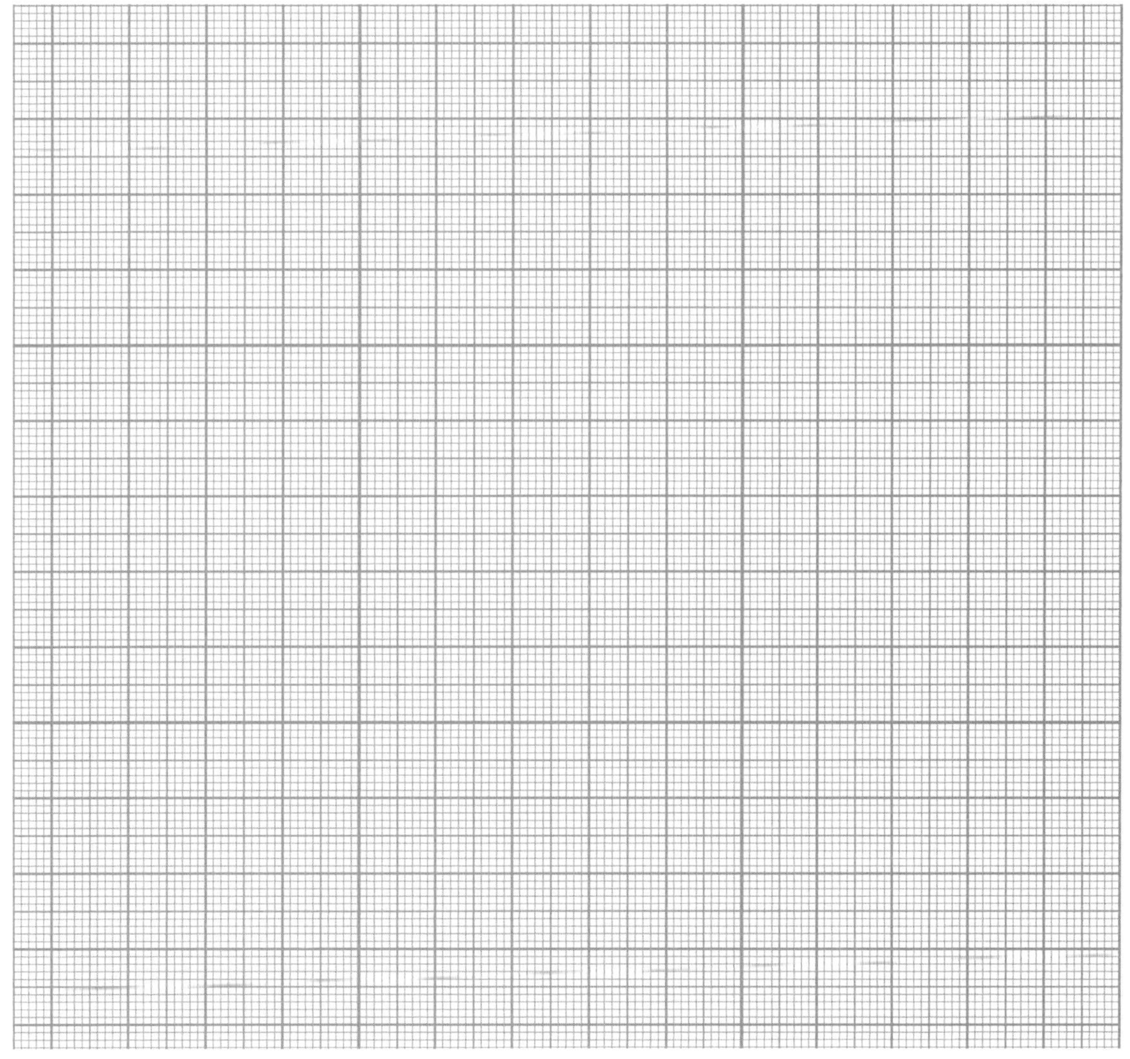

2. log([HCHO])에 대한 반응속도

3. 1/T에 대한 log(반응속도)

실험 **09**

산–염기 적정

목 적

산 및 염기 표준용액의 제법과 지시약을 이용한 산-염기 적정의 원리를 이해하고, 그 응용으로서 염기 표준용액으로 식초 속의 아세트산 농도를 결정한다.

원 리

수용액에서 산과 염기의 중화반응으로부터 물과 염이 생성된다.

$$HCl + NaOH \longrightarrow NaCl + H_2O$$

이러한 중화반응은 같은 당량 사이의 화학량론적이 반응으로서, 산 또는 염기의 농도(N)와 부피(V)를 알면 이 값으로부터 당량을 알 수 있으므로, 이것과 반응하는 염기 또는 산의 부피(V′)로부터 농도(N′)를 구할 수 있다. 이때 농도를 정확히 알고 있는 용액을 표준용액(standard solution)이라고 한다. 표준용액을 일정한 부피의 미지 농도의 시료 용액에 적가하여 화학량론적 중화점인 당량점(equivalent point)까지 소모된 표준용액의 부피로부터 다음의 관계식을 이용하여 미지 시료 용액의 농도를 구할 수 있다.

$$NV = N'V'$$

이때 중화반응이 완전히 끝나는 종말점(end point)은 적당한 산-염기 지시약을 사용하여 색깔 변화로부터 쉽게 식별할 수 있다. 표 9.1은 중화반응에 흔히 사용되는 산-염기 지시약들의 물리적 성질을 나타낸 것이다. 산 또는 염기의 농도를 구하기 위해서는 우선 이것과 반응하는 염기 또는 산의 표준용액을 준비해야 한다. 표준용액을 만드는 데에는 직접법과 간접법의 두 가지 방법이 있다.

memo

표 9.1 산-염기 지시약의 색깔과 물리적 성질

산-염기 지시약	용매	성질	산성 색	산성 색	변색 범위(pH)	pK
메틸옐로우	90%알코올	염기	빨강	노랑	2.9~4.0	3.2
메틸오렌지	물	염기	빨강	주황	3.1~4.4	3.4
브로모크레졸그린	물	산	노랑	파랑	3.8~5.4	4.9
메틸레드	물	염기	빨강	노랑	4.2~6.2	5.0
페놀레드	물	산	노랑	빨강	6.4~8.0	8.0
티몰블루	물	산	노랑	파랑	8.0~9.6	—
페놀프탈레인	70%알코올	산	무색	자주	8.0~9.8	—
알리자린옐로우	물	산	노랑	보라	10.1~12.0	—

만약 시중에서 매우 높은 순도의 시약을 구할 수 있다면, 그 무게를 정확히 단 후 용량플라스크에 옮긴 다음, 증류수로 표선까지 묽혀 정확한 농도의 표준용액을 만들 수 있다. 이와 같이 대단히 순수하여 그 일정량을 취해 직접 표준용액을 만들 수 있는 물질을 1차 표준물질(primary standard substance)이라고 하며, 이러한 방법을 직접법이라고 한다.

염산이나 수산화나트륨과 같이 순수한 물질을 얻기 어려운 경우에는 직접법을 이용할 수 없으므로, 먼저 대략 원하는 농도에 가까운 용액을 만든 다음 적당한 분석방법을 이용하여 그 용액의 정확한 농도를 측정한다. 이와 같은 방법으로 정확한 농도를 결정하는 것을 농도 결정 또는 표준화(standardization)라고 한다. 이 경우 적당한 1차 표준물질의 일정량을 취하여 용액을 만들고, 이것을 적정하여 표준용액의 농도를 결정한다. 이러한 방법을 간접법이라고 한다.

기구 및 시약

진한 염산, 수산화나트륨, 탄산나트륨, 증류수, 페놀프탈레인, 브로모크레졸그린, 식초, 피펫, 용량플라스크(1 L, 250 mL), 삼각플라스크(50 mL 3개), 가열 교반기, 폴리에틸렌플라스크(100 mL)

memo

실험방법

1 0.1 M 염산 표준용액 만들기

대략 12 M 정도 되는 진한 염기 8.5 mL를 1 L들이 용량플라스크에 넣은 다음 증류수를 천천히 가하여 표선까지 묽혀 대략 0.1 M 염산용액을 만든 후, 깨끗한 시약병에 옮겨 담아 라벨을 붙여 보관한다. 1차 표준물질인 잘 마른 탄산나트륨(sodium carbonate) 0.9~1.0 g을 정확히 달아 250 mL들이 용량플라스크에 손실없이 옮긴 다음 증류수를 조금씩 가하여 녹인 후 표선까지 채운다. 이 탄산나트륨 용액 50 mL씩을 피펫으로 취하여 깨끗한 3개의 200 mL들이 삼각플라스크에 옮겨 담는다.

앞에서 만든 대략의 0.1 M 염산 용액 2~3 mL를 사용하여 깨끗한 뷰렛을 2~3회 정도 씻어서 헹군 후, 이 용액을 뷰렛에 채운다. 3개의 탄산나트륨 용액에 각각 페놀프탈레인 지시약 1~ 2 방울을 가하고, 염산으로 붉은색이 무색으로 변할 때까지 적정한다. 종말점에 가까워질수록 적은 양의 염산으로도 붉은색이 없어지므로 조심스럽게 적정을 한 후, 그때까지 소모된 염산 용액의 부피를 기록한다. 이 과정을 3회 반복한다. 이때 다음과 같은 반응이 완결된다.

$$Na_2CO_3 + HCl \rightleftharpoons NaHCO_3 + NaCl$$

계속해서 이 3개의 용액에 다시 브로모크레졸그린 지시약을 각각 3방울씩 가한 다음 염산으로 적정한다. 용액이 푸른색에서 초록색으로 변할 때 까지 적정한다. 이때 용액에서는 다음과 같은 반응이 진행되며, 이산화탄소를 많이 포함하게 된다.

$$NaHCO_3 + HCl \rightleftharpoons H_2CO_3 + NaCl$$

이 용액을 약 5분 정도 끓여서 이산화탄소를 날려보낸 후 pH가 다소 증가하면, 용액은 브로모크레졸그린의 푸른색과 페놀프탈레인의 붉은색의 혼합 색인 보라색으로 변한다. 이 용액을 실온까지 식힌 후 다시 적정을 계속하여 선명한 초록색으로 변하기 시작할 때 적정을 멈춘다. 이렇게 해서 얻은 6개의 실험값을 비교, 검토하여 염산 농도의 평균값을 구한다.

2 0.1 M 수산화나트륨 표준용액 만들기

염기성 용액을 표준화하는 데 널리 사용되는 1차 표준물질로는 프탈산수소칼륨 있으며, 이 외에 벤조산, 옥살산, 및 요오드산수소칼륨 등이 있다. 여기서는 앞에서 이미 표준화하여 만든 염산 표준용액을 이용하여 수산화나트륨의 농도를 결정한다. 먼저 100 mL들이 폴리에틸렌 플라스크에 수산화나트륨 약 10 g을 취하고, 여기에 물 10 mL를 가하여 천천히 흔들어 녹인다. 이때 열이 발생하므로 주의해야 한다. 실온으로 식힌 후 유리 거르개를 이용하여 부유물이나 찌꺼기를 걸러낸다. 이렇게 해서 얻은 맑은 거른액 4~5 mL를 재빨리 1 L들이 용량플라스크에 취하여 증류수로 표선까지 묽혀 대략 0.1 M 수산화나트륨 용액을 만든 후, 파이렉스 또는 폴리에틸렌병에

memo

옮겨 붓고 마개를 단단히 막은 후 라벨을 붙여 보관한다.

앞에서 만든 염산 표준용액 20 mL씩을 피펫으로 취하여 3개의 삼각플라스크에 옮긴 후, 페놀프탈레인 지시약 2~3방울을 각각 가한다. 수산화나트륨 용액을 뷰렛에 채우고 붉은색이 최소한 10초 이상 지속될 때까지 저어주면서 적정한다. 3회 실시한 값의 평균값을 취하여 수산화나트륨 용액의 정확한 농도를 계산한다.

3 식초중의 아세트산 농도 결정

시판되고 있는 식초 20 mL를 피펫으로 정확히 취하여 100 mL들이 용량플라스크에 옮긴 후 증류수로 표선까지 묽힌 다음, 뚜껑을 막고 잘 흔들어 섞는다. 이 용액 10 mL를 피펫으로 각각 3개의 200 mL들이 삼각플라스크에 취한 후 페놀프탈레인 2~3방울을 가한다. 0.1 M 수산화나트륨 표준용액을 뷰렛에 채워 이 용액을 적정한다. 3회 실시한 값의 평균값으로부터 식초중의 아세트산 농도를 계산하여 구한다.

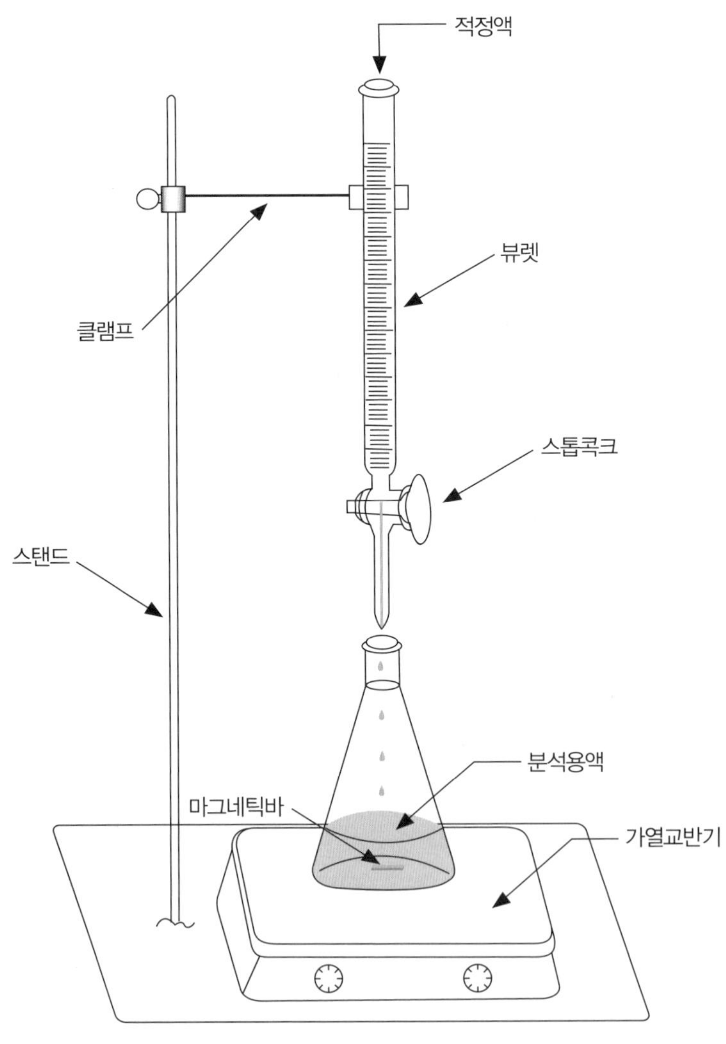

그림 9.1 • 적정 장치

예비보고서

Laboratory Experiments for **GENERAL CHEMISTRY**

20 년 월 일

학부(학과) ______ 학번 ______

조 ______ 이름 ______

결과보고서

20 년 월 일

학부(학과) ______ 학번 ______

조 ______ 이름 ______

---

1. 0.1 M 염산 표준용액 만들기

탄산나트륨의 무게 ______ g

탄산나트륨의 농도 ______ M

적정에 사용된 탄산나트륨 용액의 부피(mL)

실험	페놀프탈레인	브로모크레졸그린	끓인 후
1회 2회 3회			

염산 표준용액의 농도 ______ M

2. 0.1M 수산화나트륨 표준용액 만들기

염산 표준용액의 농도 ______ M

적정에 사용된 염산 표준용액의 부피

1회 ______ mL

2회 ______ mL

3회 ______ mL

평균 ______ mL

수산화나트륨 용액의 정확한 농도 ______ M

3. 식초중의 아세트산 농도 결정

수산화나트륨 표준용액의 농도 ______ M

적정에 사용된 수산화나트륨 표준용액의 부피

1회 ______ mL

2회 ______ mL

3회 ______ mL

평균 ______ mL

아세트산 용액의 정확한 농도 ______ M

토의 및 고찰

문제

1. Na_2CO_3는 물에 녹을 때 어떤 화학반응을 일으키는가?

실험 10

단백질

목 적

단백질은 생물의 몸을 구성하는 고분자 유기물질이다. 흰자질이라고도 한다.

단백질의 영어명 프로틴(protein)은 그리스어의 proteios(중요한 것)에서 유래된 것이다. 수많은 아미노산의 연결체로 20가지의 서로 다른 아미노산들이 펩타이드 결합이라고 하는 화학 결합으로 길게 연결된 것을 폴리펩타이드라고 한다. 여러가지의 폴리펩타이드 사슬이 4차 구조를 이루어 고유한 기능을 갖게 되었을 때 비로소 단백질이라고 불리며 단백질과 폴리펩타이드는 엄밀히 말하면 다른 분자이지만 경우에 따라 구분 없이 쓰이기도 한다. 일반적으로는 분자량이 비교적 작으면 폴리펩타이드라고 하며, 분자량이 매우 크면 단백질이라고 한다.

단백질은 신체의 구성 성분으로 중요한 물질이며 필수 영양소이다. 또한 효소라고 한 단백질은 분자량이 6,000에서 1,000,000D 이상에 이르지만 α-아미노산이라고 간단한 물질로 구성된다.

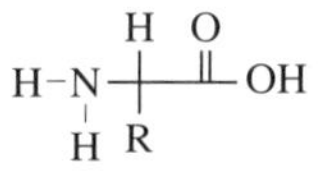

```
    H  O
H-N-+--||-OH
  |
  H  R
```

α-아미노산

α-아미노산의 구조는 한 분자 중에 아미노기($-NH_2$)와 카르복실기($-COOH$)를 함께 가진 분자다. 같거나 또는 서로 다른 아미노산이 축중합되어 단백질을 이룬다. 이때 아미노산 한 분자 중에 아미노기($-NH_2$)와 다른 아미노산 분자 중의 카르복실기($-COOH$) 사이에서 물이 제거되면서 결합하게 되는데 이를 펩타이드 결합이라 한다.

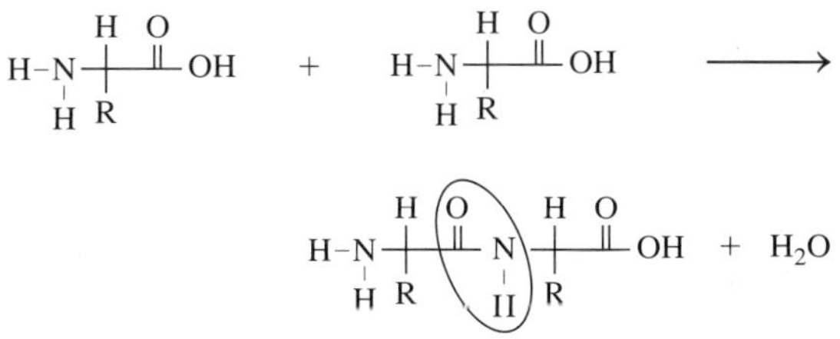

```
    H  O                 H  O
H-N-+--||-OH   +   H-N-+--||-OH   ------>
  |                  |
  H  R               H  R

    H (O      )  H  O
H-N-+--||--N-+--||-OH   +   H2O
  |        |
  H  R     II   R
```

memo

본 실험에서는 몇 가지 단백질의 특성을 실험적으로 조사하여 본다.

원 리

간단한 단백질의 하나인 알부민을 이용하여 단백질의 일반적인 성질을 알아보고, 단백질의 펩타이드 결합을 끊어 아미노산으로 분해하여(가수분해) 아미노산의 성질을 확인 한다.

기구 및 시약

시험관
삼각플라스크
깔때기
가열판
0.01M 황산구리
진한 질산

2% 알부민 분산액
익힌 계란흰자
에탄올
$HgCl_2$
10M NaOH 수용액
묽은 염산

실험방법

1 단백질의 성질

5개의 시험관에 알부민 분산액을 3 mL씩 취하고 아래의 반응을 하라.

a. 용액이 들어있는 첫째 시험관에 에탄올 2 mL를 가하여 보아라.

b. 용액이 들어있는 두 번째 시험관에 $HgCl_2$ 수용액 2 mL를 가하여 보아라.

c. 세 번째 시험관에는 0.01 M 황산구리용액 1 mL를 가하고, 10 M NaOH 수용액 몇 방울을 가하여 주고 흔들어 준 다음 빛깔을 살펴 보아라.

d. 네 번째 시험관에는 진한 질산 1 mL를 가하고 색깔을 조사하여라.

e. 마지막 시험관에 NaOH 수용액 3 mL를 가하고 시험관을 흔들어 주면서 가열판에서 가열하여 보아라.

2 단백질의 가수분해

a. 삶은 계란흰자 조각을 100 mL 삼각플라스크에 담고 묽은염산 50 mL를 가한

다. 후드에 옮겨 가열하면서 끓기 직전의 온도에서 변화를 관찰 하여라. 흰자가 모두 없어지지 않으면 묽은염산을 소량 더 가하여 준다.

b. 흰자가 모두 녹으면 가열을 중단하고 실온으로 식힌 다음 10M NaOH를 가하여 완전히 중화시킨다.

c. 중화된 용액으로 1-c와 1-d의 실험을 한다.

예비보고서

Laboratory Experiments for **GENERAL CHEMISTRY**

20 년 월 일

학부(학과) ______ 학번 ______

조 ______ 이름 ______

결과보고서

20 년 월 일

학부(학과) .... 학번 ....

조 .... 이름 ....

---

1. 단백질의 성질 실험에서

(1) a에서 관찰된 사항을 기록하라.

(2) b에서는 어떤 변화가 일어났는가?

(3) b에서는 왜 이러한 현상이 일어나는가?

(4) 각각 시험관에서 나타난 색깔은?

토의 및 고찰

실험 11

과산화수소의 분석: 산화 · 환원 적정

목 적

강한 산화제인 과망가니즈산 칼륨용액으로 시판되는 과산화수소수를 적정하여 과산화수소의 함량을 분석한다.

원 리

과산화수소는 물의 정수와 폐수처리에서 염소를 대체하는 친환경 물질이다. 과산화수소는 열, 빛 또는 다른 촉매 존재 하에 쉽게 분해되기 때문에, 과산화수소의 효능이 유지되는지 규칙적으로 용액의 질을 확인해야 한다. 과산화수소의 농도는 과망가니즈산 칼륨을 이용한 산화–환원 적정으로 분석할 수 있다.

적정(Titration)은 미지 용액의 농도를 분석하기 위해서 부피 측정을 사용하는 용량분석법이다. 가장 잘 알려진 적정은 예를 들어 일정량의 산용액을 중화시키는데 필요한 염기 표준용액의 량을 측정하여 분석하는 산–염기 적정이다. 같은 원리가 산화-환원적정에도 적용된다. 산화되는 물질이 있는 용액에 들어있다면, 그 물질의 농도는 강한 산화제 표준용액으로 적정하여 분석할 수 있다.

산화–환원반응식은 예상하는 두 반쪽반응을 통합해서 균형식을 완성할 수 있다. 이 실험에서, 과망가니즈산 칼륨을 시판되는 소독제로 사용하는 과산화수소의 농도를 분석하는 적정제로 사용할 것이다. 과망가니즈산 이온은 산화제로 작용하여 과산화수소를 산화시킨다. 산화 반쪽반응은 산소 기체로 산화되는 반응으로 과산화수소가 한 분자당 2개 전자를 잃는다(eq. 1). 이와 달리, 과망가니즈산 이온은 산화수 +7인 MnO_4^-에서 산화수 +2인 Mn^{2+}로 환원된다. 환원 반쪽반응은 5개 전자를 받아들인다(eq. 2).

$$H_2O_2(aq) \rightarrow O_2(g) + 2\,H^+(aq) + 2\,e^- \qquad (1)$$

$$8\,H^+(aq) + MnO_4^-(aq) + 5\,e^- \longrightarrow Mn^{2+}(aq) + 4\,H_2O(l) \qquad (2)$$

memo

과망가니즈산 칼륨의 환원반응은 pH에 따라서 여러 가지 환원 생성물이 얻어지므로 반응속도도 빠르고 정량적으로 진행되는 강한 산성 하에서 진행한다.

강한 염기 용액에서는 녹색의 +6의 산화상태(MnO_4^{2-})가 된다.

$$MnO_4^-(aq) + e^- \longrightarrow MnO_4^{2-}(aq) \quad (3)$$

중성 및, 약 염기성 용액에서는 이산화 망가니즈(MnO_2)의 갈색 침전이 얻어진다.

$$2\,H_2O(l) + MnO_4^-(aq) + 3\,e^- \longrightarrow MnO_2(s) + 4\,OH^-(aq) \quad (4)$$

뷰렛에 들어있는 자주색 용액인 과망가니즈산 칼륨을 진한 산성 하에서 과산화수소수 용액에 첨가하면 과산화수소와 반응해서 색깔이 없어진다. 모든 과산화수소가 사용되면 마지막 방울이 첨가되는 과망가니즈의 색깔이 나타나게 된다. 이렇게 과망가니즈산 칼륨을 첨가했을 때 색깔이 없어지지 않고 핑크색이 나타나는 순간이 산화-환원반응의 종말점 이다.

이 실험에서 시판되는 과망가니즈산칼륨은 미량의 MnO_2를 포함하기 때문에, 과망가니즈산 칼륨 표준용액은 옥살산 소듐을 사용하여 과망가니즈 이온의 정확한 농도를 구하는 과정을 거쳐야 한다.

$$2\,MnO_4^-(aq) + 5\,C_2O_4^{2-}(aq) + 16\,H^+(aq) \longrightarrow 10\,CO_2(g) + 2\,Mn^{2+}(aq) + 8\,H_2O(l) \quad (5)$$

기구 및 시약

화학저울	$KMnO_4$ 0.025 M 75 mL
1 L 부피플라스크	$Na_2C_2O_4$
갈색 병	H_2SO_4 6 M
250 mL 삼각플라스크	H_2O_2 5 mL
10 mL 피펫	증류수
Heater	유리젓개
눈금 실린더	온도계
50 mL 뷰렛	25 mL 피펫
스탠드	250 mL 부피플라스크
삼발이	5 mL 피펫

memo

실험방법

1 과망가니즈산 용액의 표준화

(1) 잘 건조된 제1차 표준물 $Na_2C_2O_4$를 0.100 g을 정확히 달아 250 mL 삼각플라스크에 넣는다.

(2) 6 M H_2SO_4용액 10 mL를 가한다. 여기에 증류수를 약 100 mL 가한 후 용액을 80°C 정도 되게 가열한다.

(3) $Na_2C_2O_4$가 모두 녹으면 60°C 이상의 온도로 유지 하며 삼각플라스크의 시료용액을 자석젓개로 강하게 저어 주면서 $KMnO_4$ 용액을 뷰렛에 넣어 천천히 적가 한다.

(4) 종말점은 연한 붉은색이 30초 이상 유지되는 지점이다.

(5) 위의 실험을 세 번 반복하여 얻은 데이터를 평균하여 표준용액의 농도를 구한다.

과망가니즈산은 옥살산과 2:5의 몰 비로 반응 하므로 과망가니즈산의 농도는 아래의 공식으로 구할 수 있다.

$$\text{과망간산용액 농도(M)} = \frac{(1000 \times \text{옥살산나트륨의 질량(g)} \times 2)}{(\text{사용된 과망간산용액의 부피(mL)} \times \text{옥살산 나트륨 화학식량} \times 5)}$$

2 과산화 수소의 정량

(1) 약 75 mL정도의 과망가니즈산 표준용액을 비이커에 담고 위 실험에서 계산한 몰농도를 정확히 기록한다.

(2) 50 mL 뷰렛의 기벽을 과망가니즈산 표준용액 5 mL정도를 사용하여 두 번 씻어준다.

(3) 뷰렛을 클램프를 사용하여 스탠드에 잘 고정하고 뷰렛 아래에 빈 삼각플라스크를 놓는다.

(4) 50 mL 뷰렛에 과망가니즈산 표준용액을 뷰렛의 '0'눈금보다 약간 더 많이 채운다.

(5) 뷰렛의 콕을 열어 뷰렛 끝에 기포를 제거한 뒤에 콕을 잠근다.

(6) 뷰렛의 눈금을 메니스커스 아래로 정확히 읽고 기록한다.

(7) 125 mL 삼각플라스크에 1.00 mL의 과산화수소 용액을 정확히 옮겨 넣는다.

(8) 여기에 25 mL의 증류수를 가하여 묽힌다.

(9) 6 M 황산용액 5 mL를 조심스럽게 가하고 잘 저어서 섞어준다.

(10) 삼각플라스크의 아래에 흰색 종이를 놓아 색이 잘 보이도록 한다.

(11) 뷰렛을 열어 5~8 mL정도의 과망가니즈산 용액을 가한 다음 자석젓개로 잘 저어주며 색 변화를 관찰한다.

(12) 이후 뷰렛을 조심스럽게 열어 과망가니즈산 용액을 한 방울씩 천천히 가하며 색 변화를 관찰한다.

memo

(13) 과망가니즈산의 색이 없어지지 않고 남을 때까지 적정 한다(종말점에서부터 색이 없어지지 않고 남는다).

과산화수소와 과망가니즈산의 반응식은 다음과 같다.

$$5\,H_2O_2 + 2\,MnO_4^- + 6\,H^+ \rightarrow 2\,Mn^{2+} 5\,O_2 + 8\,H_2O$$

과산화수소의 %농도를 계산하는 방법은 다음과 같다.

$$H_2O_2\% = \frac{(5 \times KMnO_4 \text{ 용액의 농도}(M) \times \text{용액의 부피}V \times F_W \times D)}{(2 \times v \times 1.11\text{ g/mL} \times 1000 \times \alpha)}$$

F_w: 과산화 수소의 화학식량(g/mol)
v: H_2O_2의 부피(2.5 mL)
D: H_2O_2 묽힌 용액의 부피(mL)
α: H_2O_2 묽힌 용액의 부피(mL)

※ $KMnO_4$ 표준용액은 MnO_2 침전 때문에 끓여서 방치한 후, 여과하여 사용하여야 한다. 여과할 때는 종이 여과지를 사용하지 않고 유리 거르개를 이용해야 한다. $KMnO_4$ 표준용액은 햇빛에 의해 분해되어 농도가 변하므로 갈색 병에 보관 하여야 한다.

예비보고서

Laboratory Experiments for **GENERAL CHEMISTRY**

20 년 월 일

학부(학과) ______________ 학번 ______________

조 ______________ 이름 ______________

결과보고서

Laboratory Experiments for **GENERAL CHEMISTRY**

20 년 월 일

학부(학과) .... 학번 ....

조 .... 이름 ....

토의 및 고찰

문제

1. 과망간산 용액을 표준화할 때 사용한 위의 공식을 반응식으로부터 유도 하시오.

2. 과망간산과 과산화수소의 반응식을 이용하여 과산화수소의 % 농도를 구하는 공식을 설명하시오.

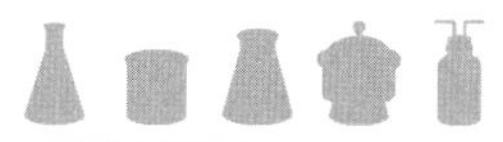

실험 12

활성탄의 흡착 성질과 응용

목 적

활성탄(activated carbon)은 나무, 숯, 석탄 등으로부터 비탄소물질의 대부분을 제거한 다공성 탄소재료인데, 그 종류도 다양하다. 활성탄은 식품제조와 약품제조를 비롯한 매우 다양한 화학공정에서 불순물이나 오염물질을 제거하는데 광범위하게 이용되고 있다. 이 밖에도 활성탄을 이용하여 물질을 정제할 수 있으며, 음용수의 처리, 폐수처리, 각종 화학반응의 촉매 등 그 응용분야는 매우 다양하다.

이 실험에서는 활성탄의 흡착능력을 확인하는 것이다. 또 흑설탕을 정제하여 백설탕으로 만드는 과정에 활성탄이 이용될 수 있을지 확인해 보자.

기구 및 시약

콜라, 묽은 메틸오렌지 용액, 잉크로 오염됨 물, 흑설탕, 활성탄, 비이커, Hot plate.

실험방법

1 콜라의 갈색물질(카라멜) 제거

약 30 mL의 콜라가 담겨져 있는 비이커에 반 스푼 정도의 활성탄을 넣어 준다. 이 혼합물을 약 2 분간 끓인 후 깔때기를 이용하여 여과한다. 거른 액의 색깔을 관찰한다.

2 메틸오렌지로 오염된 물의 정제

약 30 mL의 묽은 메틸오렌지 용액이 담겨져 있는 비이커에 반 스푼 정도의 활성탄을 넣어 준다. 이 혼합물을 약 2 분간 끓인 후 깔때기를 이용하여 여과한다. 거른 액의 색깔을 관찰한다.

memo

3 잉크로 오염된 물의 정제

활성탄을 이용하면 잉크로 오염된 물의 정제가 가능한지 실험해 보자.

4 흑설탕의 정제

약 10 g의 흑설탕을 따뜻한 물 (약 30 mL)에 녹인 후, 용액의 색깔을 관찰한다. 이 흑설탕 용액에 한 스푼 정도의 활성탄을 넣어 준다. 이 혼합물을 저어주면서 약 5분간 끓인 후 뜨거운 상태에서 여과한다. 거른 액의 색깔을 관찰한다.

남은 시간 동안, 정제된 설탕을 회수하는 방법을 토론하고, 실험을 통해 그 방법을 확인해 본다.

질문

(1) 활성탄을 이용하여 콜라의 갈색물질(카라멜)을 제거할 수 있는가?
(2) 물에 오염된 메틸오렌지를 제거할 수 있는가?
(3) 활성탄을 이용하면 잉크로 오염된 물의 정제가 가능한가?
(4) 활성탄의 흡착능력이 우수하다면 그 이유를 조사해 봅시다.
(5) 흑설탕으로부터 백설탕을 얻을 수 있는 방법을 적어봅시다.
(6) 활성탄의 흡착능력을 응용하고 있는 분야를 적어 봅시다. 활성탄의 다른 응용분야도 함께 조사해 봅시다.

예비보고서

20 년 월 일

학부(학과) ______ 학번 ______

조 ______ 이름 ______

결과보고서

Laboratory Experiments for **GENERAL CHEMISTRY**

20 년 월 일

학부(학과) ____________ 학번 ____________

조 ____________ 이름 ____________

토의 및 고찰

실험 13

산화 · 환원 적정: 아이오딘법

목 적

목적성분이 포함된 시료를 미리 표준액으로 집접 적정하는 방법을 직접적정(direct titration)이라고 부르며, 이때 소비되는 표준용액의 양으로부터 목적성분의 농도를 산출하게 된다. 한편, 유기 화합물의 반응과 같이 반응속도가 느려서 종말점을 찾기 어려운 경우에는 일정량의 표준용액을 가하여 목적 성분과 반응시키고 남은 표준용액을 다른 표준 용액으로 적정하는 방법을 역적정(back titration)이라고 한다. 본 실험에서는 아이오딘법을 사용하여 직접적정과 역적정을 이해한다.

원 리

아이오딘법 적정에는 직접적정과 역적정이 있다. 직접적정으로는 삼아이오딘화 이온(I_3^-)을 산화제를 사용하여 환원제를 직접 적정하여 정량하는 아이오딘법(iodimetry)이다. 예를 들면 환원제 Sn^{2+}를 산화제 I_3^-로 직접 적정하여 정량하는 방법이다.

$$Sn^{2+}(aq) + I_3^-(aq) \rightleftharpoons Sn^{4+}(aq) + 3\,I^-(aq) \qquad (1)$$

역적정 방법으로는 산화제 용액에 아이오딘화 이온을 과량으로 가하여 정량적으로 삼아이오딘화 이온을 생성시켜 이 양을 측정함으로서 산화제를 간접적으로 정량하는 아이오딘화법(iodometry)이다. 예를 들면 중성 또는 약한 산성용액에서 Cu^{2+}는 과량의 I^-와 반응하여 I_3^-를 정량적으로 생성한다. 반응식은 다음과 같다.

$$2\,Cu^{2+}(aq) + 5\,I^-(aq) \rightleftharpoons I_3^-(aq) + 2\,CuI(aq) \qquad (2)$$

생성된 삼아이오딘화 이온의 양을 알아내기 위해 싸이오황산 소듐($Na_2S_2O_3$) 표준용액으로 적정을 한다. 반응식은 다음과 같다.

$$3\,I_3^-(aq) + 6\,S_2O_3^{2-}(aq) \rightleftharpoons 9\,I^-(aq) + 3\,S_4O_6^{2-}(aq) \qquad (3)$$

싸이오황산소듐 용액을 표준화 할 때는 아이오딘산포타슘(KIO_3)을 1차 표준물로 사

memo

용한다. 이때 아이오딘산포타슘은 산성용액 하에서 과량의 아이오딘화 이온(I^-)과 반응하여 정량적으로 삼아이오딘화 이온(I_3^-)을 만들어 낸다.

$$IO_3^-(aq) + 8\,I^-(aq) + 6\,H^+(aq) \rightleftharpoons 3\,I_3^-(aq) + 3\,H_2O(l) \qquad (4)$$

아이오딘법의 종말점은 용액에 I_3^-이온이 더 이상 반응하지 않는 지점이며, 아이오딘화법의 종말점은 용액 중에 I_3^-이온이 모두 없어지는 지점이다. 종말점을 좀 더 쉽게 식별하기 위하여 녹말 지시약을 사용한다. 녹말 지시약은 I_3^-와 진한 푸른색의 착물을 형성하고, I_3^-가 모두 없어지면 무색으로 변하게 된다.

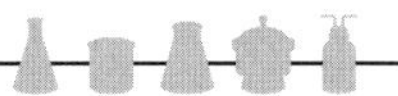

기구 및 시약

저울, 뷰렛	$Na_2S_2O_3 \cdot 5\,H_2O$
100 mL눈금 실린더,	KI
500 mL 부피플라스크	Na_2CO_3
250 mL 삼각플라스크,	H_2SO_4
피펫(5 mL)	KIO_3
피펫(10 mL)	Hg_2I_2
	$CuSO_4 \cdot 5\,H_2O$

※ 녹말 지시약

약 2 g의 가용성 녹말에 25 mL의 증류수를 넣어 반죽을 만든다. 여기에 끓는 물 500 mL를 천천히 저으면서 가하고 1~2분간 끓여서 맑은 용액이 되면, 5 mg의 Hg_2I_2(보존제)를 가하고 식혀서 시약병에 보관한다.

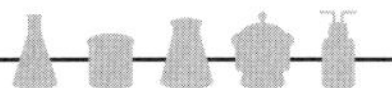

실험방법

1 싸이오황산 소듐 표준용액 제조

250 mL 부피플라스크에 $Na_2S_2O_3 \cdot 5\,H_2O$ 6.2 g 정도를 정확히 취하고, Na_2CO_3 0.03 g을 달아 함께 넣어준 뒤 증류수를 이용하여 녹이고 표선까지 증류수를 채워 묽힌다.

순수한 KIO_3 0.1 g 정도를 정확히 달아 250 mL 삼각플라스크에 취한다. 여기에 40 mL의 증류수를 가해 용해시키고 순수한 KI 1.5 g과 0.5 M H_2SO_4 용액을 10 mL 가한다. 그 다음 잘 저어주면서 위에서 만든 싸이오황산 소듐용액으로 적정한다. 적정하는 동안 용액의 색깔이 연한 노란색으로 될 무렵 녹말지시약 용액을 2 mL 정도를

memo

가하여 푸른색으로 만든 후, 무색으로 될 때까지 천천히 조심스럽게 계속 적정 한다. 이 실험을 세 번 반복한다. 표준용액의 농도를 구하는 계산식은 다음과 같다.

$$M = \frac{6 \times KIO_3(g)}{KIO_3\ (FW) \times Na_2S_2O_3\ \text{용액}(mL)}$$

2 구리의 정량

$CuSO_4 \cdot 5\,H_2O$ 0.5g 정도를 정확히 달아서 250 mL 삼각플라스크에 넣고 증류수 50 mL를 가하여 녹인다. 이 용액에 KI를 약 1.5 g 정도 가하고 잘 흔들어 주어 I_3^-를 만든다. 만들어진 I_3^-를 실험과정 1에서 만든 $Na_2S_2O_3$ 표준용액으로 적정하고, 용액의 색깔이 연한 노란색이 될 무렵 녹말 지시약 용액 2 mL를 가한다. 그 다음 푸른색이 없어질 때까지 조심스럽게 적정한다. 이 실험을 세 번 반복하여 평균을 이용하여 농도를 계산한다.

$$Cu\ \% = \frac{Na_2S_2O_3\ \text{표준용액의 몰 농도}(M) \times Na_2S_2O_3\ \text{표준용액의 부피}(L) \times 63.546}{CuSO_4 \cdot 5\,H_2O\text{의 무게}(g)} \times 100$$

예비보고서

20 년 월 일

학부(학과) .... 학번 ....

조 .... 이름 ....

결과보고서

20 년 월 일

학부(학과) ______ 학번 ______

조 ______ 이름 ______

토의 및 고찰

문제

1. 아이오딘화법에서는 반응용액에 아이오딘화 포타슘을 화학양론적인 비보다 항상 과량을 넣어준다. 그 이유는 무엇인가?

2. 녹말 지시약을 적정 처음부터 넣어주는 것이 아니라 종말점 가까이에서 넣어주는 이유는 무엇인가?

3. $Na_2S_2O_3$ 표준용액을 만들 때 증류수는 끓여서 식힌 것을 사용하여야 한다.
그 이유는 무엇인가?

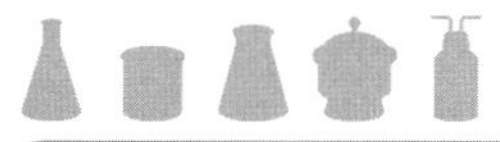

실험 14

I 족 양이온의 정성분석

목 적

양이온의 정성분석은 금속이온의 다양한 반응성을 이용하여 혼합용액으로부터 각 이온을 분리 확인하는 방법을 익히기 위한 것이다.

1 양이온의 계통 분석

화학반응에 많이 등장하는 양이온들을 화학적 · 물리적 성질이 비슷한 것들끼리 모아서 하나의 족(group)으로 분류할 수 있다. 이 이온들이 모두 함유된 혼합물은 몇 가지 족(일반적으로 I~V족)으로 분류되고, 다시 이온들 각각의 특성을 이용하여 여기에 적당한 침전 시약을 가하여 침전으로 분리해 가는 실험 방법을 양이온의 계통 분석법이라고 한다. 즉 혼합되어 있는 양이온들에 어떤 시약을 가하면 어떤 이온은 침전되고, 어떤 이온은 용액에 남는 성질을 이용한 분리법이다. 침전 분리 시약으로는 6 M HCl, H_2S(0.3 M HCl), NH_4OH, NH_4Cl, $(NH_4)_2S$, $(NH_4)_2CO_3$ 등이 있다. 이들은 분족 시약이라고 하는데, 그림 14.1은 이들 분족 시약에 의해 금속 이온들이 분리되는 과정을 체계적으로 나타낸 것이다.

또한 각 족에서는 침전들의 용해되는 성질에 따라 금속 이온을 별도로 분류할 수 있다. 그러나 계통분석을 하기 위해서는 각 금속 화합물들의 침전 및 용해되는 성질을 알아야 하므로, 계통분석 실험을 하기 전에 각 금속 화합물별로 침전 및 용해되는 실험을 실시해야만 계통분석에서 일어나는 반응을 이해하고 확인할 수 있다.

2 목적

Ag(I), Pb(II), Hg(II) 이온들의 성질을 기초로 하여, 이들 세 이온들의 혼합물로부터 각 이온을 분리하여 확인한다.

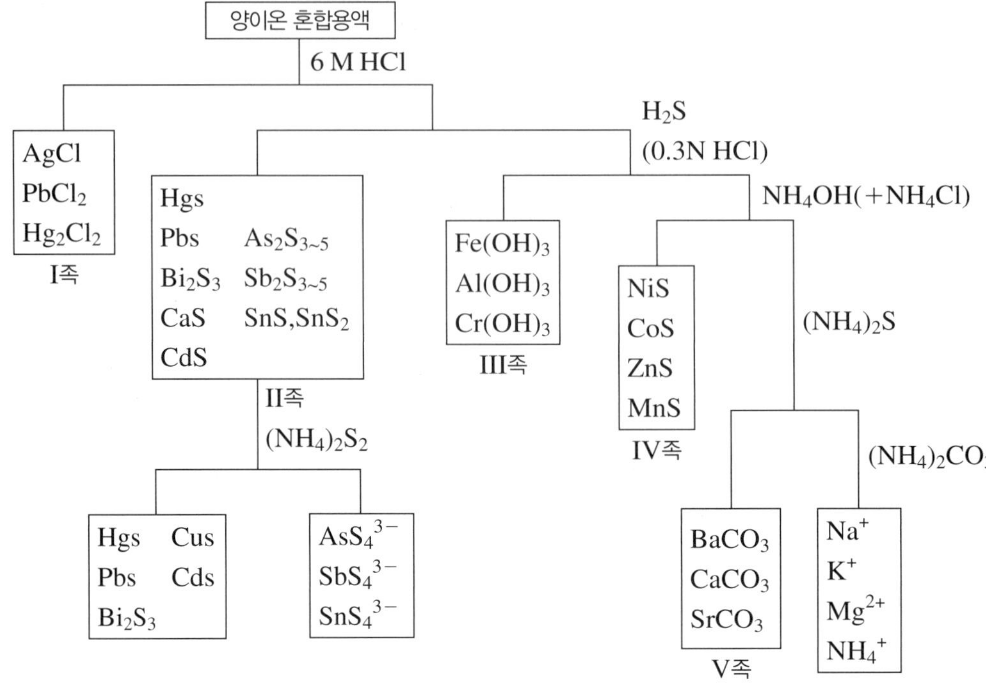

그림 14.1 • 양이온의 계통분석표

원 리

I 족 양이온에 속하는 것은 Ag(I), Pb(II), Hg(II) 등으로, 이 세 이온이 녹아 있는 혼합 용액에 HCl을 가하면 AgCl, Hg_2Cl_2, $PbCl_2$의 염화물 침전이 생성되는데, 이들은 모두 차가운 용액에서는 난용성인 염이다. 따라서 이들의 액성을 센 산성으로 만들면 완전히 침전시킬 수 있다. 이 침전을 걸러 다른 이온들과 분리할 수 있는데, 거르기 전에 HCl을 적당량 가해야 한다. HCl을 필요 이상으로 너무 많이 가할 경우에는 AgCl의 침전이 $AgCl^{2+}$와 같은 착이온을 형성하면서 소량 녹기 때문에 주의해야 한다. $PbCl_2$는 더운 물에 잘 녹기 때문에, 이러한 성질을 이용하여 다른 염화물과 분리할 수 있다. $PbCl_2$를 더운 물로 녹인 용액에 K_2CrO_4 용액을 가하면 CrO_4^{2-} 이온과 Pb(II) 이온이 반응하여 $PbCrO_4$의 노란색 침전이 생성되므로 Pb(III) 이온을 검출할 수 있다. AgCl과 Hg_2Cl_2이 섞인 침전물에는 NH_4OH를 가하여 이들을 분리하는데, AgCl은 착이온 $Ag(NH_3)_2^+$로 변하여 녹고, Hg_2Cl_2는 NH_4OH와 반응하여 검은색이나 회색 침전을 만든다. 이때 Hg_2Cl_2는 불균등화 반응(disproportionation)을 하여 일부는 산화되고 일부는 환원된다. 이 반응에서 생성되는 물질은 염화아미드수은(II) $HgNH_2Cl$(흰색)과 금속 수은(검은색)이기 때문에, 침전은 회색 또는 검은색으로

memo

보인다.

$Ag(NH_3)_2^+$ 착이온이 들어 있는 무색용액에 질산을 가하면 은-암모니아 착이온이 해리 되어 AgCl의 흰색 침전이 다시 나타나기 때문에 Ag(I) 이온을 확인할 수 있다.

기구 및 시약

원심분리기, 원심분리 시험관(10개), 스포이트가 붙은 지시약병(50 mL), 0.1 M $AgNO_3$, 1 M K_2CrO_4, 0.1M $Hg(NO_2)_2$, 6 M NH_4OH, 0.1M $Pb(NO_3)_2$, 6 M HNO_3, 6 M HCl, 6 M H_2SO_4

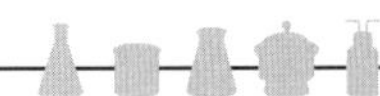

실험방법

Ag^+, Pb^{2+}, 및 Hg^{2+} 의 혼합 연습액(0.1 M 정도)을 1 mL 취하여 원심분리용 시험관에 넣고, 6 M HCl 4방울을 가한 후 침전을 원심분리한다. 이때 같은 양의 물을 넣은 시험관을 원심분리기의 반대쪽에 걸어서 균형을 잡아 주는 것을 잊어서는 안 된다. 침전 반응이 완결되었는지를 확인하기 위해 원심분리한 혼합용액에 6 M HCl 2방울을 가하여 침전이 다시 생기면 또 원심분리한다. 침전이 더 이상 생기지 않으면 상층액을 다른 시험관에 조심스럽게 따라내어 침전만을 얻는다. 침전의 불순물을 제거하기 위해 묽은 HCl과 물로 2~3회 정도 씻어 불순물을 완전히 제거한다.

증류수 1~2 mL를 침전이 들어 있는 시험관에 넣고, 이 시험관을 끓는 물 속에 수분 동안 담구어 가열한 후 유리젓개로 잘 저어준다. 이 뜨거운 용액을 원심분리하여 상층액을 다른 시험관에 따라낸다. 이때 침전은 잘 보관하고, 상층액을 2개의 시험관에 나누어 담는다. 그 중 한 시험관에 6 M H_2SO_4 2~3방울을 가할 때, $PbSO_4$의 흰색 침전이 생성되면 Pb(II) 이온이 존재하는 것이다. 나머지 시험관에 1 M K_2CrO_4 2~3방울을 가할 때, $PbCrO_4$의 노란색 침전이 생성되면 역시 Pb(II) 이온이 존재한다.

위의 실험에서 보관한 침전을 뜨거운 물로 1~2회 정도 깨끗이 씻은 다음 침전에 6 M NH_4OH 10방울을 가하여 원심분리시키고, 상층액을 다른 시험관에 따라낸다. 이때 Hg 및 $HgNH_2Cl$의 회색 또는 검은색 침전이 생기면 금속 수은이 생성된 것이므로 Hg^{2+} 이온의 존재를 확인할 수 있다. 계속해서 위에서 보관한 상층액에 6 M HNO_3를 가하여 산성으로 만든 다음 리트머스 시험지로 확인한다. 유리젓개로 용액을 찍어서 리트머스 시험지에 묻혀 보면 된다. 용액을 산성으로 만들었을 때 AgCl의 흰침전이 생기면 Ag^+ 이온이 존재한다는 증거이다.

예비보고서

Laboratory Experiments for **GENERAL CHEMISTRY**

20 년 월 일

학부(학과) 학번

조 이름

결과보고서

20 년 월 일

학부(학과) ______ 학번 ______

조 ______ 이름 ______

다음 I 족 양이온의 계통 분석표 완성하라.

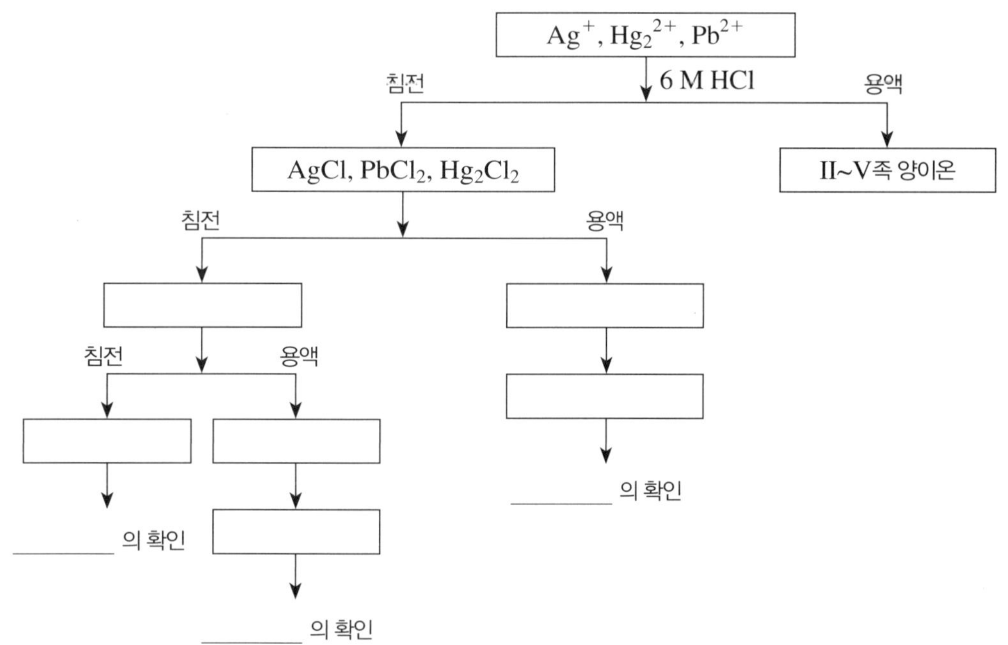

토의 및 고찰

문제

1. $AgCl$, Hg_2Cl_2, 및 $PbCl_2$의 분리 원리를 설명하시오.

2. Pb^{2+} 이온의 확인 방법 두 가지를 반응식으로 나타내시오.

3. Ag^{+} 이온의 확인 방법을 반응식으로 나타내시오.

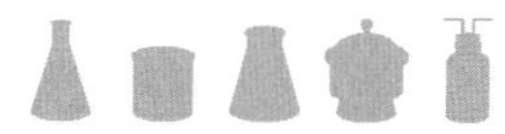

실험 15

음이온의 정성분석

목 적

용액중에서 흔히 볼 수 있는 여러 가지 음이온을 포함하는 혼합물의 존재를 점적시험(spot test)으로 확인하여 정성분석한다.

원 리

한 성분을 검출하기 위해 시료에 특정한 시약을 가하여 그 성분 화학종과 특유한 반응을 일으키게 하는 방법으로서, 미지 시료중의 각 성분에 대하여 개별적으로 시료를 분취해 일련의 점적시험을 하여 포함된 성분을 검출한다. 그러나 여기서 특히 주의해야 할 것은 여러 가지 성분이 포함되어 있는 복잡한 시료인 경우에는 한 성분이 다른 성분의 검출을 방해한다는 것이다. 따라서 시료가 복잡할수록 조심스럽게 적당한 조건을 선택하여 점적시험을 해야 한다. 몇 가지 조건을 예로 들어 보면, 서로 방해하는 성분 화학종이 포함되어 있는 시료를 정성분석할 때에는 이들 성분을 점적시험하기 전에 이들 성분을 서로 분리하거나, 용액의 pH를 변화시키거나, 또는 가리움제(masking agent)를 가하여 한 가지 성분을 제외한 다른 화학종들만을 반응시켜 검출하는 방법을 이용한다.

본 실험에서는 아래와 같은 이온을 포함하는 혼합 시료의 정성분석을 점적시험을 이용하여 확인할 것이다. 이때 이용되는 화학반응은 간단한 산-염기 반응, 침전반응, 착이온 생성반응 또는 산화-환원 반응 등이다.

$$CO_3^{2-},\ SO_4^{2-},\ PO_4^{3-},\ CrO_4^{2-},\ SCN^-,\ Cl^-,\ C_2H_3O^{2-}$$

기구 및 시약

시험관(10 × 100 mm), 스포이트, 시험관 받침대, 물중탕, 시험관용 솔, 전열기(500 W), 눈금피펫(10 mL), 씻기병, 리트머스 시험지, 스포이트가 붙은 지시약병(50

memo

mL, 갈색), Na_2CO_3, NH_4Cl, Na_2SO_4, $Fe(NO_3)_3$, $BaCl_2$, NaCl, $AgNO_3$, Na_2HPO_4, HNO_3, CH_3COOH, $(NH_4)_2MoO_4$, $NaC_2H_3O_2$, K_2CrO_4, H_2O_2, NaOH, KSCN

실험방법

지급 받은 시료용액을 증류수로 9 : 1 정도로 묽힌 후, 이것을 사용하여 분석시험을 반복한다. 시료용액을 묽힐 때에는 100 mL들이 눈금실린더를 사용하고, 시료용액을 취할 때에는 잘 혼합하여야 한다. 때로는 실험과정에서 150 mL들이 비이커에 100 mL 정도의 물을 넣고 끓여서 물중탕으로 이용하는 경우도 있는데, 실험에 앞서 이러한 준비를 해야 한다. 만약 반응이 곧 나타나지 않는 경우에는 시약을 가한 후에 유리막대로 저어 보도록 한다. 이러한 음이온의 점적 시험은 0.02 M 또는 이보다 진한용액을 사용하면 쉽게 성공할 수 있는데, 이보다 묽은 용액을 사용하는 경우에는 조심스러운 관찰이 필요하다.

1 탄산 이온(CO_3^{2-})

1 M Na_2CO_3 1 mL를 작은 시험관에 취한 후 6 M HCl 1 mL를 조심스럽게 가하면, 곧 이산화탄소의 기포가 발생한다. 그러나 용액이 묽을 경우에는 기포의 발생이 훨씬 약한다. 이러한 경우에는 물중탕에 넣은 다음 잘 저어 주면 기포의 발생이 활발해진다. 이산화탄소는 색깔과 냄새가 없으므로, 필요할 때에는 이산화탄소 검출 시험을 해 본다.

2 황산 이온(SO_4^{2-})

0.5 M Na_2SO_4 1 mL 6 M HCl 1 mL를 가한 다음 1 M $BaCl_2$ 몇 방울을 가한다. 흰색 침전인 $BaSO_4$가 생성되는 것으로 SO_4^{2-} 이온을 확인할 수 있다.

3 인산 이온(PO_4^{3-})

0.5 M Na_2HPO_4 1 mL에 6 M HNO_3 1 mL를 가한 다음 0.5 M $(NH_4)_2MoO_4$ 1 mL를 가하여 잘 젓는다. 인산몰리브덴산암모늄[$(NH_4)_3PO_5 \cdot 12\ MoO_3$]의 노란색 침전이 생성되면 인산이 존재한다는 증거이다. 이 침전은 특히 묽은 용액인 경우에는 천천히 생성된다. 침전이 곧 생성되지 않을 경우에는 이 시험관을 끓는 물중탕에 몇 분 동안 넣어 둔다.

4 크롬산 이온(CrO_4^{2-})

크롬산을 포함하는 용액은 중성이나 염기성에서는 노란색을 띠고, 산성에서는 주황색

memo

을 띤다. 센 산성용액에서 크롬산 이온은 센 산화제로 작용하여 SCN^- 또는 NH_4^+와 같은 화학종을 산화시킨다. 0.5 M K_2CrO_4 1 mL에 6 M HNO_3 2 mL를 가한다. 이때 방해하는 화학종이 있으면 산을 가할 때 곧 크롬산이 환원되고, 용액의 색이 푸르게 변한다. 이러한 사실로 크롬산 이온의 존재를 확인할 수 있다. 만약 색깔의 변화가 없으면 시험관을 찬 물에 식히고, 3% H_2O_2 1 mL를 가한다. 만약 크롬산 이온이 존재하는 경우에는 불안정한 푸른색의 CrO_5가 생긴 다음에 곧 퇴색되어 버리는 것을 볼 수 있다.

5 티오시안산 이온(SCN^-)

0.5 M KSCN 1 mL에 6 M CH_3COOH 1 mL를 가하여 저어 준 다음, 0.1 M $Fe(NO_3)_3$ 1~2방울을 가한다. 진한 붉은색은 $Fe(SCN)n^{3-n}$(n값은 1부터 6까지) 착이온이 생기면 SCN^- 이온이 존재한다는 증거이다.

6 염화이온(Cl^-)

0.5 M NaCl 1 mL에 6 M HNO_3 1 mL를 가한 다음 0.1 M $AgNO_3$ 몇 방울을 가한다. 염화이온이 있으면 흰색의 AgCl 침전이 생긴다. 이 경우에는 티오시안산 이온도 흰색 침전을 만들기 때문에 이 실험을 방해한다. 만약 시료중에 SCN^- 이온이 섞여 있으면, 시료 용액 1 mL를 30~50 mL들이 비이커에 취한 후 6 M HNO_3 1 mL를 가한 다음 천천히 가열하여 용액의 부피가 절반으로 되도록 농축시킨다. 이렇게 하면 티오시안산은 산화되어 방해하지 않을 것이다. 6 M HNO_3 1 mL를 가한 후에 $AgNO_3$ 몇 방울을 가한다.

7 아세트산 이온($C_2H_3O_2^-$)

0.5 M $NaC_2H_3O_2$ 1 mL에 3 M H_2SO_4 1 mL를 가한 다음 저어준다. 아세트산 이온이 존재하면 식초의 독특한 냄새가 날 것이다. 시험관을 끓는 물중탕에서 30초 정도 가열하면 그 냄새가 더욱 강해진다. 만약 아세트산 이온의 농도가 낮으면 이것을 산성화시키기 전에 중성 시료용액을 끓여서 농축한 다.

예비보고서

20　　년　　월　　일

학부(학과) ....　　학번 ....

조 ....　　이름 ....

결과보고서

Laboratory Experiments for **GENERAL CHEMISTRY**

20 년 월 일

학부(학과) .... 학번 ....

조 .... 이름 ....

화학종	예비 실험	미지 시료	알짜 반응식
CO_3^{2-} SO_4^{2-} PO_4^{3-} CrO_4^{2-} SCN^- Cl^- $C_2H_3O_2^-$			

토의 및 고찰

문제

1. 다음 물질들을 구별할 수 있는 방법을 설명하시오.

(1) $BaSO_4$, $Pb(NO_3)_2$

(2) $CoCl_2$, $AlCl_3$

(3) $MnSO_3$, Na_2CO_3

(4) $BaSO_4$, $PbSO_4$

알코올의 반응

목 적

알코올은 하이드록시기(-OH)를 가지고 있는 화합물이며, (-OH)가 결합하고 있는 탄소에 결합 되어 있는 수소의 개수로 일차(1°), 이차(2°), 삼차(3°)알코올로 구별한다. 수소가 2개(알킬기가 1개)일 때 1차 알코올, 수소 1개(알킬기가 2개)일 때 2차 알코올, 수소를 하나도 가지고 있지 않을 때(3개의 알킬기) 3차 알코올이라 한다. 이들 알코올을 화학반응 통하여 구별하는 법과 알코올의 성질을 알아본다.

$R_1-C(OH)(H)-H$ 1차 알코올 $R_1-C(OH)(R_2)-H$ 2차 알코올 $R_1-C(OH)(R_2)-R_3$ 3차 알코올

원 리

알코올의 차수를 구별하는 방법으로는 Chromic acid 실험과 Lucas 실험 두 가지가 있다.

산화 크로뮴(VI)은 진한 황산에 녹으면 오렌지색을 나타내며, 알코올과 반응하여 (산화시켜) Cr(VI)에서 Cr(III)로 환원되면 초록색을 나타낸다. 이것을 크로뮴산(Cromic acid)시험 이라고 한다.

$$2CrO_3 + 2H_2O \xrightarrow{H^+} 2H_2CrO_4 \xrightarrow{H^+} H_2Cr_2O_7 + H_2O$$

(붉은색) (노란색) (오렌지색)

$$RCH_2OH \xrightarrow{Cr_2O_7^{2-}} RCHO \xrightarrow{Cr_2O_7^{2-}} RCOOH$$

1차 알코올의 산화

memo

$$R_2CH(OH) \xrightarrow{Cr_2O_7^{2-}} RCOOH$$

1차 알코올의 산화

1차 알코올은 산화되어 알데히드로 바뀌며, 알데히드는 더 산화되면 카르복실산이 된다. 2차 알코올은 산화되면 케톤으로 바뀌며, 케톤은 더 이상 산화되지 않는다. 3차 알코올은 산화하지 않으므로 크로뮴산의 색(오렌지색)이 변하지 않는다.

Lucas 실험에서 일차 알코올은 매우 미량 반응 하므로 육안으로 관찰 하기 어려울 정도로 느리게 반응하며, 그대로 염화아연의 혼합물 (Lucas시약)속에 녹아 있게 된다. 그러나 2차 알코올은 좀더 빠르게 반응하여 염화알킬이 생성되므로 Lucas시약 위에 섞이지 않는 층을 형성한다. 3차 알코올은 Lucas시약과 매우 빨리 반응한다.

$$ROH + HCL \xrightarrow{ZnCl_2} RCL + H_2O$$

기구 및 시약

기구:	시약:
10 cm시험관과 마개	Lucas시약(진한염산, 무수염화아연: $ZnCl_2$)
Hot plate	1-부탄올, 2-부탄올, 2-메틸-2-프로판올(*t*-부탄올)
100 mL비이커	산화 크로뮴(VI) (Cromium(VI) oxide)
스포이드	c-H_2SO_4
물중탕 장치	아세톤

실험방법

1 Lucas 시험

시험관에 분석시료를 대략 1 mL정도 넣고, Lucas시약 10 mL정도를 가한다. 시험관을 시험관 꽂이에 넣고 잘 흔들어 준다. 위의 실험을 1차, 2차, 3차 알코올에 대하여 각각 실시하고 각각의 결과를 관찰한다.

memo

2 크로뮴산 시험

시험관에 아세톤 1 mL를 가하고 여기에 알코올 1방울 용해시킨다. 여기에 크로뮴산 시약 1방울을 가하고 수초 내에 일어나는 현상을 관찰한다. 1차, 2차 알코올은 반응하여 청색-초록색을 나타내며, 3차 알코올은 색깔의 변화를 나타내지 않는다. 아세톤이 순수한지 확인하기 위하여 1 mL의 아세톤에 크로뮴산 시약 1방울을 가하고 3초 동안 색의 변화가 일어나는지 관찰한다. 오렌지색이 그대로 유지된다면 그 아세톤은 사용해도 좋다.

* 크로뮴산시약: 67 g의 산화 크로뮴(VI) (CrO_3)을 124 mL의 증류수에 녹인 후, 58 mL의 진한 황산을 가한다. 침전을 없애기 위해 소량의 증류수를 가하되 용액의 총 부피가 225 mL를 넘지 않게 한다.
* Lucas시약: 136 g의 $ZnCl_2$를 86 mL의 진한 염산에 녹여 만든다.

예비보고서

Laboratory Experiments for **GENERAL CHEMISTRY**

20 년 월 일

학부(학과) ______________ 학번 ______________

조 ______________ 이름 ______________

결과보고서

20 년 월 일

학부(학과) .... 학번 ....

조 .... 이름 ....

1. 확인 결과(양성에 ○표를 하라)

	1-부탄올	2-부탄올	2-메틸-2프로판올	벤질알코올	페놀
Lucas 시험					
크로뮴산 시험					

2. 각 시료의 반응 시간을 알아보자. Lucas시험에서 벤질 알코올과 1-부탄올의 반응시간의 차이를 어떻게 설명할 수 있는가?

3. Lucas시험에서 1차 또는 2차 알코올보다 3차 알코올의 반응이 빠른 이유를 설명하시오.

토의 및 고찰

실험 17

유기물의 성질과 분리

목 적

유기화학은 유기화합물의 구조나 특성, 제법 및 응용 등을 연구하는 화학의 한 분야이다. 원래는 살아있는 생명체에 의해 만들어진 물질(유기물)을 연구하는 학문으로 정의되었으나, 1828년 프리드리히 뵐러가 무기물인 사이안산암모늄으로부터 요소를 만들어내어, 유기물질이 생명체에 의해서뿐만 아니라 실험실에서도 만들어질 수 있음이 알려진 이후로는 탄소를 포함하는 화합물을 연구하는 학문으로 재정의되었다. 유기화학에서의 유기화합물은 일반적으로 탄소와 수소를 포함하고 있는 분자를 지칭한다. 최근에 와서 많은 유기화합물들이 실험실에서 합성이 되기 때문에 유기화학은 C, H, O, N, S, P등으로 이루어진 화합물을 다루는 학문으로 그 범위를 확장할 수 있다.

원 리

1 카르복실산

적당한 조건하에서 알코올과 알데하이드는 카르복실기(carboxyl group, -COOH)를 포함하는 카르복실산(carboxylic acid)으로 산화된다.

$$CH_3CH_2OH \longrightarrow CH_3COOH + H_2$$

$$CH_3CHO + \frac{1}{2}O_2 \longrightarrow CH_3COOH$$

카르복실산은 자연에 널리 존재하며, 동 · 식물에서 발견된다. 모든 단백질은 아미노기와 카르복실기를 가진 특별한 카르복실산인 아미노산으로 만들어져 있다. HCl, HNO_3, H_2SO_4와 같은 무기산과는 달리 카르복실산은 약산이다. 약산인 카르복실산은 다음과 같이 염기와 반응하여 중화반응을 한다.

$$CH_3COOH + NaOH \longrightarrow CH_3COONa + H_2O$$

memo

2 아마이드

적당한 조건하에서 카르복실산과 아민이 반응하여 아마이드를 생성한다.

$$CH_3COOH + H_2NCH_3 \longrightarrow CH_3COHNCH_3$$

$$C_6H_5NH_2 + (CH_3CO)_2O \longrightarrow C_6H_5NHCOCH_3 + CH_3COOH$$

공유결합성 아마이드는 중성이거나 약산성 물질이다. 이온성 또는 염 형태의 아마이드는 강한 염기성 화합물로, 보통 암모니아, 아민 또는 공유결합성 아마이드를 소듐과 같은 반응성이 큰 금속과 반응시켜서 만든다.

일반적으로 많은 유기물들은 탄화수소를 골격으로 작용기를 포함하고 있기 때문에 비극성이며, 극성 용매인 물에 대한 용해도가 매우 낮다, 이는 극성 용질은 극성 용매에 잘 녹고, 비극성 용질은 비극성 용매에 잘 녹는다(like dissolves like)는 일반적 규칙에 잘 들어 맞는다.

실험실에서 흔히 접할 수 있는 유기물 중에서 카복실산인 벤조산(benzoic acid)과, 아마이드인 아세트아닐라이드(acetanilide, N-phenylacetamide)의 화학적 구조와 물에 대한 용해도는 다음과 같다.

화합물	벤조산	아세트아닐라이드
구조	O, OH	H, N, CH_3, O
분자량(g/mol)	122.12	135.17
용해도(g/물 100 g), 25°C	0.34	0.4

많은 유기물들은 분자 내에 그 분자를 특징 지우는 작용기를 가지고 있기 때문에 수용액의 특성에 따라 물에 대한 용해도가 달라질 수가 있다. 벤조산은 중성이나 산성용액에서는 난용성 이지만 염기 용액에서는 카복실산이 중화되어 카복실산 음이온으로 전환되어 극성이 커지므로 물에 잘 녹는다. 만약 벤조산과 아세트아닐라이드의 혼합물을 각 성분으로 분리하기 위하여 혼합물을 염기로 처리하면 벤조산은 해리되면서 녹고, 해리되지 않는 불용성 아세트아닐라이드는 수용액 중에 고체로 남아있게 될 것이다. 혼합물을 여과하여 고체 아세트아닐라이드를 얻고, 여과 액을 산성화시켜 벤조산의 침전을 얻을 수 있다.

기구 및 시약

100 mL 비이커, 250 mL 비이커, 100 mL 눈금 실린더, 스포이트 2개, 전자저울, 건조오븐, hot plate, 교반기, 얼음중탕, Buchner 깔때기, 감압플라스크, 아스피레이터, 온도계, 유리젓개, 시계접시, pH 시험지, 페놀프탈레인 지시약, 메틸오렌지 지시약, 벤조산, 아세트아닐라이드, 3 M NaOH, 5 M HCl.

실험과정

1 아세트아닐라이드의 분리

(1) 벤조산과 아세트아닐라이드가 혼합된 시료 약 3g의 질량을 정확하게 측정하여 100 mL 비이커에 넣고 25 mL의 증류수를 넣는다.
(2) 혼합물에 페놀프탈레인 지시약 2~3방울을 넣고 용액을 교반 하면서 3 M NaOH를 스포이트로 천천히 첨가한다.
(3) 혼합물을 50°C 정도의 물 중탕에서 10분간 교반하며 가열한다.
(4) 혼합물을 실온으로 냉각한 후 Buchner 깔때기로 걸러 침전을 혼합물로부터 분리한다.
(5) 침전을 5 mL의 증류수로 3회 씻어주고 여과액과 씻은 용액을 다음 실험에서 사용하기 위해 250 mL 비이커에 따로 모아 보관한다.
(6) 침전을 공기 중에서 건조한 후 질량을 측정한다.
(7) 처음 혼합물에 포함된 질량 백분율을 계산한다.
(8) 녹는점 측정 장치를 사용하여 고체의 녹는점을 측정한다.

아세트아닐라이드의 녹는점: 113.7°C

2 벤조산의 분리

(1) 위에서 얻어진 여과액에 메틸 오렌지 지시약 2~3방울을 넣고 교반하면서 5 M HCl을 스포이드를 사용하여 용액이 산성이 될 때까지 천천히 첨가한다. 지시약이 변색된 후 용액이 확실하게 산성이 되도록 하기 위해서 약 1 mL 정도의 HCl을 더 첨가한다.
(2) 혼합물을 90°C 정도의 물중탕에서 10분간 교반한다.
(3) 혼합물을 실온으로 냉각한 후 얼음중탕에서 더욱 냉각한 후 Buchner깔때기로 걸러 침전을 혼합물로부터 분리 한다.
(4) 침전을 1 mL의 차가운 증류수로 3회 씻어주고 공기 중에서 건조한 후 질량을 측정한다.

memo

(5) 처음 혼합물에 포함된 질량 백분율을 계산한다.

(6) 녹는점 측정 장치를 사용하여 재결정한 고체의 녹는점을 측정한다. 벤조산의 녹는점: 122.4°C

실험결과처리

사용한 3.00 g의 시료에 1.450 g의 벤조산과 1.550 g의 아세트아닐라이드가 포함되어 있다고 가정하면, 벤조산의 분자량 122.12 g/mol, 아세트아닐라이드의 분자량 135.17 g/mol이므로, 11.9 mmol의 벤조산과 11.5 mmol의 아세트아닐라이드가 포함되어 있다. 따라서 3 M NaOH는 약 4 mL정도 필요하며, 5 M HCl은 약간 과량으로 첨가된 NaOH까지 고려하여 약 3 mL가 첨가될 것이다.

예비보고서

20 년 월 일

학부(학과) ____________ 학번 ____________

조 ____________ 이름 ____________

1. 벤조산 – 아세트아닐라이드의 혼합물의 분리

벤조산 – 아세트아닐라이드 혼합 시료의 질량(g)		첨가한 3 M NaOH의 양(mL)	
분리된 아세트 아닐라이드의 질량(g)		첨가한 5 M HCl의 양(mL)	
분리된 벤조산의 질량(g)		아세트아닐라이드의 녹는점(°C)	
벤조산의 녹는점(°C)			

결과보고서

Laboratory Experiments for **GENERAL CHEMISTRY**

20　　년　　월　　일

학부(학과) ....　학번 ....

조 ....　이름 ....

토의 및 고찰

문제

1. 벤조산은 산과 염기에서 급격한 용해도 차이를 나타낸다. 분자 구조 – 분자간 힘 등으로 이 과정을 설명하시오.

실험 18

반응열: 헤스의 법칙

목 적

본 실험은 간이 열량계를 이용하여 반응열을 어떻게 측정하는지를 알아보고, 화학의 기본 이론 중의 하나인 헤스의 법칙을 알아보는 것이다.

원 리

열역학은 화학반응에 관계되는 열을 공부하는 것이다. 기호 ΔH는 엔탈피 변화를 나타낸다. 이러한 엔탈피 변화는 반응열, 용해열, 또는 중화열 등으로 나뉠 수 있으며, 그 값은 양수, 음수, 또는 0일 수 있다. ΔH가 양인 반응을 흡열반응, 음인 반응을 발열반응, 그리고 0인 반응을 열적으로 중성인 반응이라고 한다.

화학반응에서 방출하는 열이나 흡수하는 열은 열량계를 이용하여 측정할 수 있다. 열량계란 단열이 잘 되면서 반응이 진행되는 용기를 말한다. 반응열은 열량계와 그것의 내용물의 온도 변화를 측정하여 결정한다. 열량계와 내용물의 열용량을 알면 열의 변화를 계산할 수 있다.

본 실험은 헤스의 법칙을 기초로 한다. 헤스의 법칙은 열역학 제1법칙의 한 표현으로서, 반응열이 반응물에서 생성물로 진행하는 경로에 의존하지 않는다는 것이다. 즉 반응이 한 단계로 일어나든지, 또는 여러 단계를 거쳐서 일어나든지 간에 반응열은 동일하다는 것이다.

기구 및 시약

열량계 2조(스티로폼 컵 2개, 온도계 2개, 젓개 1개), 눈금실린더(100 mL), 1 M HCl(*aq*), 1 M NaOH(*aq*), NaOH(*s*), 저울(0.01 g)

memo

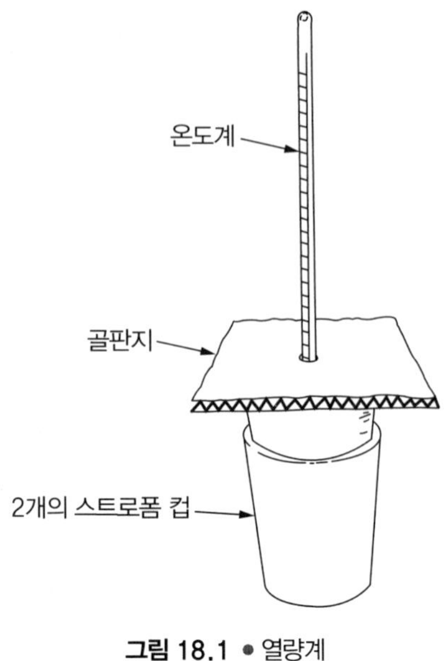

그림 18.1 • 열량계

실험방법

1 열량계의 열용량 결정

그림 18.1과 같은 열량계를 구성한 다음, 한 열량계에 50 mL의 수돗물을 넣는다. 반드시 눈금실린더를 사용하여 부피를 정확하게 측정하라. 다른 열량계에 첫 번째 열량계보다 15°C 정도 따뜻한 물 50 mL를 넣는다. 열량계의 뚜껑을 덮고 온도계를 꽂는다. 온도계 및 열량계가 열평형에 도달하도록 2~3분 정도 기다린다. 두 열량계의 온도를 가능한 한 0.1°C 정밀도로 읽는데, 1분 간격으로 5분 동안 읽어서 기록한다.

정확히 6분 후에 더운 물을 찬 물이 들어 있는 열량계에 재빨리 붓고 잘 섞은 다음 7, 8, 9, 10, 11분까지 1분 간격으로 온도를 기록한다. 열량계를 모두 비우고 건조시킨다.

2 열량계의 열용량 계산

그래프 용지를 이용하여 시간(x축) 대 온도 (y축) 그래프를 그림 18.2와 같이 도시한다. 두 물을 섞을 때의 온도를 알아야 하지만, 이때(6분 경과 시)의 온도를 측정하지 않았으므로 그림과 같이 외연장하여 그래프에서 온도를 읽는다. 열은 보존되므로 더운 물이 잃은 열량은 찬 물과 열량계가 얻은 열량과 같아야 한다. 외연장하여 얻은 6분 경과 후의 더운 물과 찬 물의 온도를 각각 T_m 와 T_c 라고 하자. 또한 외연장하여 얻은 T_m을 혼합한 후의 물의 온도라고 하자. 이렇게 하면 ΔT_w(더운 물의 온도 변화)는

memo

$\Delta T_w = T_w - T_m$ 에 의해 계산되며, 이와 유사하게 $\Delta T_c = T_m - T_c$이다.

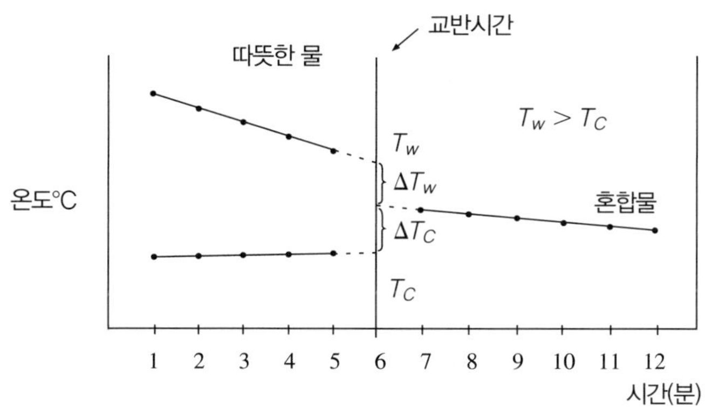

그림 18.2 ● 시간 대 온도 그래프

$$\begin{aligned}\text{더운 물이 잃은 열량} &= \text{물의 비열} \times \text{물의 질량} \times \text{온도 변화} \\ &= 4.184\ \text{J/g} \cdot {}^\circ\text{C} \times 50\ \text{g} \times \Delta T_w {}^\circ\text{C} \\ &= 209.2\ \Delta T_w(\text{J})\end{aligned}$$

$$\text{찬 물이 얻은 열량} = 209.2 \times \Delta T_c(\text{J})$$

$$\begin{aligned}\text{열량계가 얻은 열량} &= \text{더운 물이 잃은 열량} - \text{찬 물이 얻은 열량} \\ &= 209.2 \times (\Delta T_w - \Delta T_c)\text{J}\end{aligned}$$

열량계의 열용량은 열량계가 얻은 열을 열량계의 온도 변화로 나누어 준 값이므로 다음과 같이 주어진다.

$$\text{열량계의 열용량} = \frac{209.2(T_w - T_c)}{\Delta T_c}$$

3 HCl 용액과 NaOH 용액의 중화열 측정

1 M HCl 50 mL 와 1 M NaOH 용액을 두 열량계에 각각 넣은 다음, 뚜껑을 닫고 온도계를 장치한다. 열평형에 도달하도록 2~3분 정도 방치한 다음, 1분 간격으로 5분 동안 온도를 측정한다. 정확히 6분 후에 NaOH 용액을 HCl 용액이 들어 있는 열량계에 붓고 잘 섞은 다음 1분 간격으로 5분 동안 온도를 기록한다. 열량계를 비우고 건조시킨다.

4 NaOH의 용해열 측정

약 2.0 g(초과하지 말 것)의 NaOH를 0.01 g 눈금까지 정확히 단다. 50 mL의 증류수를 열량계에 넣은 다음 2~3분 후부터 1분 간격으로 5분 동안 온도를 기록한다. 정확히6분 후에 고체 NaOH를 녹이는데, 잘 저어서 가능한 한 빨리 녹이면서 8분 동안 온

memo

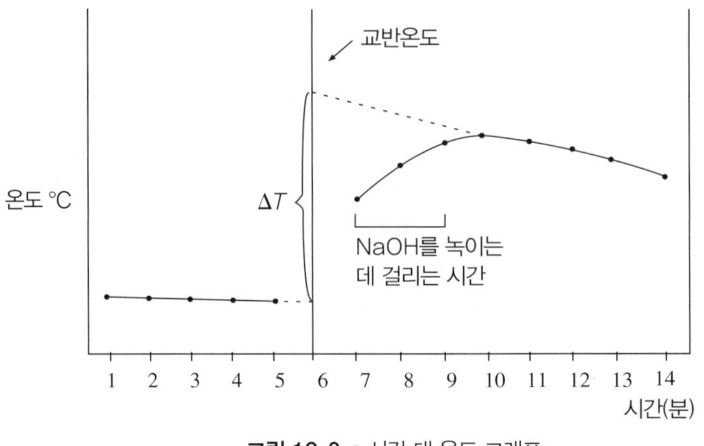

그림 18.3 ● 시간 대 온도 그래프

도를 기록한다. 고체가 녹는 데에는 시간이 다소 소요되므로, 최대 온도에 바로 도달하지는 않는다. 열량계를 깨끗이 씻은 후에 건조시킨다.

5 NaOH(*s*) 1 HCl(*aq*) 용액의 용해열 측정

단계 4에서처럼 다시 약 2.0 g(초과하지 말 것)의 NaOH를 0.01 g 눈금까지 정확히 단다. 100 mL들이 눈금실린더에 1M HCl 55 mL를 넣은 다음 증류수를 가하여 전체 부피가 100 mL가 되도록 묽힌다(모든 염기가 중화되도록 약간 많은 산을 사용한다). 산을 열용량이 알려진 열량계에 넣은 다음 1분 간격으로 5분 동안 온도를 기록한다. 고체 NaOH를 용액에 가하여 재빨리 녹이면서 8~10분 동안 온도를 기록한다.

계 산

1 열량계의 열용량 계산

단계 2를 보라.

2 HCl(*aq*)과 NaOH(*aq*)로부터 물 1 mol이 만들어지는 데 대한 중화열

단계 3에서 1분 간격으로 측정한 HCl(*aq*)과 NaOH(*aq*)의 온도의 평균을 구한다 [$(T_{NaOH} + T_{HCl})/2$]. 시간 대 온도의 그래프를 그리고, 혼합하기 전과 후의 온도를 6분으로 외연장하여 구한다(그림 18.2 참조). 혼합한 순간인 6분에서의 온도 변화를 읽는다. 이 반응에서 방출한 열은 용액과 열량계가 흡수한 열과 같아야 한다. 반응 생성물인 0.5 M NaCl의 밀도는 1.02 g/mL이며, 비열은 4.02 J/g · °C 이다.

memo

이 값이 1 M NaOH 수용액 50 mL 와 1 M HCl 수용액 50 mL가 반응하면서 방출한 열의 양이며, 1 M 용액 50 mL에 포함된 몰수는 0.05 mol이므로, 다음과 같다.

ΔH = (용액의 비열 × 용액의 질량 × 온도 변화) + (열량계의 열용량 × 온도 변화)
= (4.02 J/g · °C × 102 g × ΔT°C) + (열량계의 열용량 × ΔT°C)

3 NaOH(s)의 용해열

용액의 질량 = 50 g + NaOH(s)
용액의 비열 = 3.93 J/g · °C

단계 4에서 얻은 자료로부터 그림 18.3과 같은 시간-온도 그래프를 그리고, 이것을 외연장하여 온도 변화를 구한다. 이 반응에서 발생한 열은 다음과 같다.

ΔH = (용액의 비열 × 용액의 질량 × 온도 변화) + (열량계의 열용량 × 온도 변화)

이 값은 실험에 사용한 NaOH 질량에 해당하는 반응열이므로, 1 mol에 대한 값으로 환산하기 위해서는 NaOH의 몰수로 나누어 주어야 한다.

4 HCl(*aq*)과 NaOH(*s*)로부터 물 1mol이 만들어지는 데 대한 반응열

용액의 질량 = 100 g + NaOH(s) 질량
용액의 비열 = 4.02 J/g · °C

과정 3에서 구한 것처럼 반응열을 구하고, 이 값을 고체 NaOH의 몰수로 나누어서 물 1 mol이 만들어지는 반응에 대한 반응열을 구한다. 고체 NaOH의 용해열(ΔH_3)과 NaOH 용액 및 HCl 용액의 중화열(ΔH_2)을 더한 값과, 고체 NaOH를 HCl 수용액에 녹일 때의 반응열(ΔH_4)을 비교하여 헤스의 법칙을 설명하라. 얻어진 실험 결과가 헤스의 법칙과 일치하는지를 보라.

예비보고서

Laboratory Experiments for **GENERAL CHEMISTRY**

20 년 월 일

학부(학과) ______ 학번 ______

조 ______ 이름 ______

결과보고서

20　　년　　월　　일

학부(학과) ________ 학번 ________

조 ________ 이름 ________

결과 및 계산

1. 열량계의 열용량 계산

혼합하기 전 더운 물의 온도	T_w ________ °C
혼합하기 전 찬 물의 온도	T_c ________ °C
혼합한 후 외연장한 물의 온도	T_m ________ °C
더운 물이 잃은 열량	________ J
찬 물이 얻은 열량	________ J
열량계가 얻은 열량	________ J
열량계의 열용량	________ J/°C

2. HCl 용액과 NaOH 용액의 중화열 측정

HCl(*aq*)과 NaOH(*aq*)의 평균 온도	________ °C
혼합 용액의 온도	________ °C
몰당 중화열	________ J/mol

3. NaOH의 용해열 측정

증류수의 온도	________ °C
NaOH(*s*)를 녹인 후의 온도	________ °C
몰당 용해열	________ J/mol

4. HCl(aq) + NaOH(s) 용액의 용해열 측정

묽힌 HCl 용액의 온도 ____________ °C

NaOH(s)를 녹인 후의 온도 ____________ 8C

몰당 용해열 __________ J/mol

토의 및 고찰

문제

1. 탄소가 불완전 연소되는 반응의 반응열은 직접 측정할 수 없다.
헤스의 법칙을 이용하여 반응열을 구하시오.

$$C(s) + O_2(g) \longrightarrow CO_2(g)\ \Delta H = -393.5\ \text{kJ}$$

$$CO(g) + \frac{1}{2}O_2(g) \longrightarrow CO_2(g)\ \Delta H = -283.0\ \text{kJ}$$

$$C(s) + \frac{1}{2}O_2(g) \longrightarrow CO(g)\ \Delta H = ?$$

실험 19

아스피린의 합성

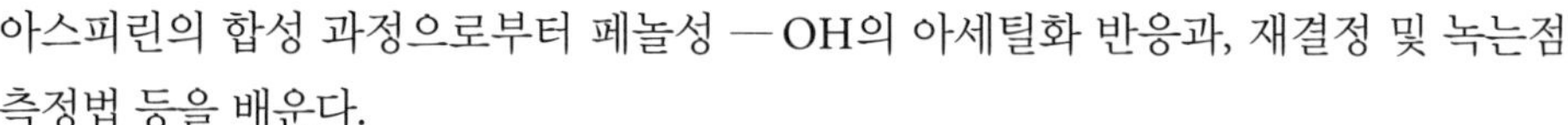

목 적

아스피린의 합성 과정으로부터 페놀성 —OH의 아세틸화 반응과, 재결정 및 녹는점 측정법 등을 배운다.

원 리

해열 진통제로 이용되는 아스피린의 원료로 사용되는 살리실산은 —OH기와 —COOH기가 오르토(ortho) 위치에 결합되어 있는 페놀성 산이다. 이것은 나트륨염 또는 에스테르화된 형태로서, 오랫동안 의약품으로 이용되어 왔다. 살리실산은 천연에 여러 가지 형태로 존재하고 있으며, 특히 살리실산의 메틸에스테르는 노루발풀(wintergreen) 기름의 주성분을 이루고 있다. 이것은 조미료로 사용되며, 또한 근육의 타박상에 문질러서 바르는 약으로도 사용된다. 살리실산은 페녹시화나트륨(sodium phenoxide)과 이산화탄소를 가압 하에서 가열하여 공업적으로 합성한다.

아스피린은 아세틸살리실산(acetylsalicylic acid)에 대한 Bayer사의 상품명으로, 1899년 Dresser에 의해 의약품으로 개발된 이후 널리 이용되고 있다. 아스피린의 합성은 살리실산의 페놀성 —OH기를 아세틸화시켜서 이루어진다. 아세틸화 시약으로는 무수 아세트산(acetic anhydride)이나 염화아세틸(acetyl chloride)이 사용된다. 무수 아세트산을 사용할 때에는 인산 또는 황산을 촉매로서 사용하고, 염화아세틸의 경우에는 약간의 피리딘을 가해줌으로써 반응을 잘 진행시킬 수 있다.

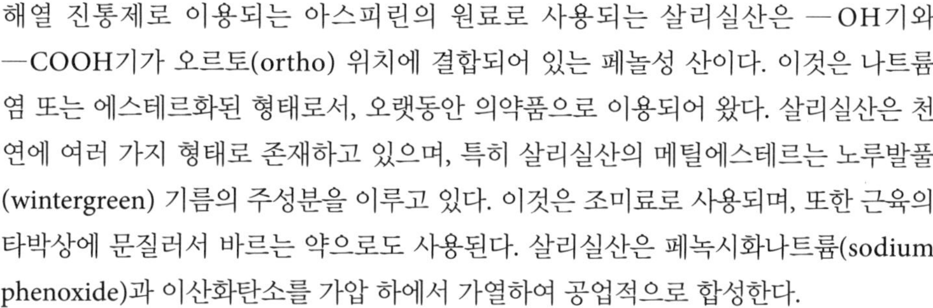

memo

살리실산 + 무수 아세트산 $\xrightarrow{H_2SO_4 \text{ 또는 } H_3PO_4}$ 아세트살리실산 + CH_3COOH

살리실산 + 염화아세틸 + 피리딘 → (아세트살리실산) + 염화피리디늄

기구 및 시약

살리실산, 무수 아세트산, 85% 인산, 진한 황산, 석유 에테르, 에테르, 감압 여과 장치, 녹는점 측정 장치, 자석식 가열 교반기, 모세관, 온도계(200°C), 삼각플라스크, 물중탕, 피펫, 스포이트

실험방법

(1) 50 mL들이 삼각플라스크에 교반 및 가열 장치를 그림 19.1과 같이 설치한다. 살리실산 4.2 g을 플라스크에 넣은 다음 무수 아세트산 9 mL를 피펫으로 가하고, 스포이트로 인산 10방울을 떨어뜨린다. 이때 반응열로 인해 내부 온도가 급격히 상승하면 플라스크를 식혀서 80~90°C로 유지하면서 5~10분 동안 교반한다. 급격한 반응이 끝나고 온도가 내려가면 물중탕의 온도를 올려서 내부 온도를 80~90°C로 유지하고, 반응물을 교반하면서 10분 동안 더 가열한다.

플라스크를 꺼내어 차가운 증류수 25 mL를 가하여 실온까지 냉각시킨 후, 얼음물 속에 넣어 결정을 석출시킨다. 만약 결정이 잘 생기지 않을 때에는 유리막대로 플라스크 기벽에 문질러 준다. 결정을 흡입 여과하고, 소량의 물로 두 번 정도 씻어 건조시킨 다음에 무게를 단다. 이 불순물 아스피린 결정 1 g을 50 mL들이 삼각플 라스크에 넣은 다음 에테르 15 mL를 가하여 녹인다. 잘 녹지 않으면 물중탕에서 흔들어 주면서 따뜻하게 한다. 이때 용액이 맑아지지 않으면 깨끗한 플라스크에 다시 한번 거른다. 맑아진 용액에 석유 에테르 8 mL를 첨가한 후 얼음중탕 속에서 냉각시켜 결정을 석출시킨다(재결정). 이 결정을 여과한 후 소량의 석유 에

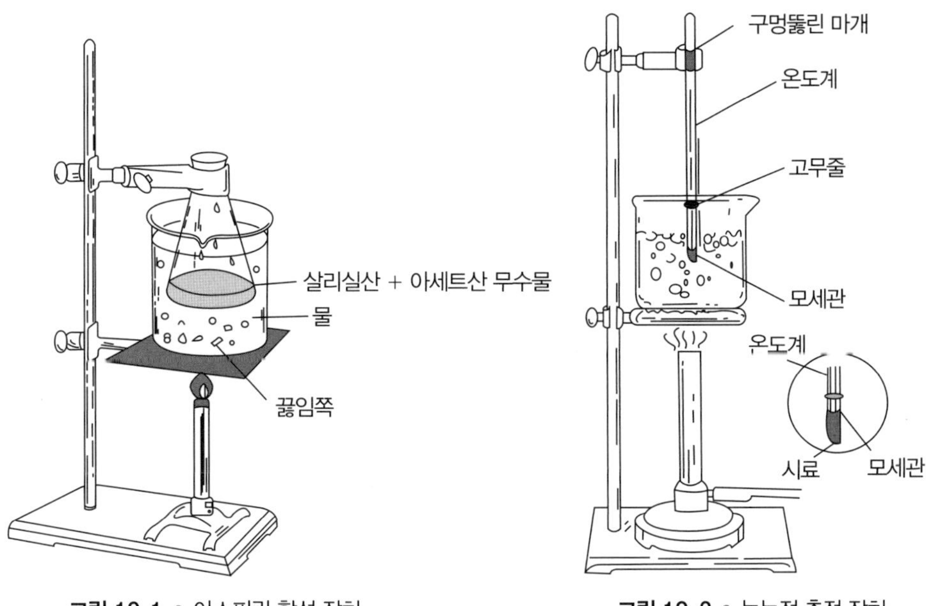

그림 19.1 • 아스피린 합성 장치

그림 19.2 • 녹는점 측정 장치

테르로 씻은 다음 건조시켜 무게를 단다. 순수한 아스피린과 재결정시키기 전의 불순한 아스피린의 결정 모양을 현미경으로 관찰하고, 그림 19.2와 같은 녹는점 측정 장치로 녹는점을 측정하여 비교한다.

(2) 50 mL들이 삼각플라스크에 살리실산 42 g과 피리딘 3 mL를 넣은 다음 혼합하여 얼음으로 냉각시킨다. 여기에 염화아세틸 3 mL를 피펫으로 천천히 떨어뜨리면서 잘 교반해 준다. 이 혼합물을 물중탕에서 5분 동안 가열한 다음 냉각시키면 끈기 있는 반고체 물질을 얻는다. 다시 여기에 얼음 15~20 g을 넣어 교반하면 아스피린의 결정이 생긴다. 이것을 여과하여 물로 씻은 후 건조시킨다. 재결정은 위와 같은 방법으로 실시한다. 재결정에서 에테르 대신에 벤젠을 사용할 수도 있다.

예비보고서

Laboratory Experiments for **GENERAL CHEMISTRY**

20　　년　　월　　일

학부(학과) ....　　학번 ....

조 ....　　이름 ....

결과보고서

Laboratory Experiments for **GENERAL CHEMISTRY**

20 년 월 일

학부(학과) .... 학번 ....

조 .... 이름 ....

수득률 계산 ______________ %

토의 및 고찰

문제

1. 반응이 끝난 후에 차가운 증류수를 가하는 이유는 무엇인가?

2. 무수 아세트산과 물이 반응할 때의 반응식을 쓰시오.

3. 무수 아세트산을 과량으로 가하는 이유는 무엇인가?

실험 **20**

한계반응물

목 적

침전을 형성하는 반응의 한계반응물을 결정하여, 혼합물의 조성을 구한다.

원 리

주어진 반응 혼합물에서 생성 가능한 생성물의 양을 조절하려면 반응물이 제한양을 먼저 결정해야 한다. 이와 같은 반응이 진행될 때 먼저 소모되어 없어지는 반응물을 한계반응물(limiting reactant)이라 한다. 즉, 화학반응이 일어날 때 생성물의 양은 반응물의 양과 반응의 퍼센트 수득률에 의하여 제한된다. 온도나 압력을 조절하여 반응의 수득률을 증가시킬 수 있으나 화학반응은 일정한 몰비율로 반응이 일어나므로(화학량론적) 생성물의 양은 처음 반응혼합물에 존재하는 시료의 양에 의해서 제한받게 된다. 다음 반응식은 이 실험에서 다룰 한계반응물에 대한 반응식이다.

$$BaCl_2(aq) + Na_2SO_4(aq) \longrightarrow BaSO_4(s) + 2\ NaCl(aq) \tag{1}$$

$BaCl_2(BaCl_2 \cdot 2\ H_2O)$와 Na_2SO_4는 물에 용해되어 이온으로 존재하지만, $BaSO_4$는 침전으로 용해되지 않으므로 이온 반응식을 다시 쓰면, 다음과 같이 나타낼 수 있다.

$$\begin{aligned}&Ba^{2+}(aq) + 2\ Cl^-(aq) + Na^+(aq) + SO_4^{2-}(aq)\\ &\longrightarrow BaSO_4(s) + 2\ Na^+(aq) + 2\ Cl^-(aq)\end{aligned} \tag{2}$$

위의 반응식을 알짜이온반응식으로 나타내면,

$$Ba^{2+}(aq) + SO_4^{2-}(aq) \longrightarrow BaSO_4(s) \tag{3}$$

1몰의 $BaCl_2 \cdot 2\ H_2O$(244.2 g)에서 나오는 1몰의 Ba^{2+}은 1몰의 Na_2SO_4(142.1 g)에서 나오는 SO_4^{2-} 이온 1몰과 완전히 반응하여 $BaSO_4(s)$ 1몰(233.4 g)을 생성한다.

그러나 200 g의 $BaCl_2 \cdot 2\ H_2O$와 120 g의 Na_2SO_4(142.1 g)가 반응할 때 반응물의 몰수는 다음과 같다.

memo

$$200\ \text{g BaCl}_2 \cdot 2\ \text{H}_2\text{O} \times \frac{1\ \text{mol BaCl}_2 \cdot 2\ \text{H}_2\text{O}}{244.2\text{g BaCl}_2 \cdot 2\ \text{H}_2\text{O}} = 0.819\ \text{mol BaCl}_2 \cdot 2\ \text{H}_2\text{O}$$

$$120\ \text{g Na}_2\text{SO}_4 \times \frac{1\ \text{mol Na}_2\text{SO}_4}{142.1\ \text{g Na}_2\text{SO}_4} = 0.844\ \text{mol Na}_2\text{SO}_4 = 0.844\ \text{mol SO}_4{}^{2-}$$

식 (3)에서 보면 1.0몰의 Ba^{2+} 이온은 1.0몰의 $SO_4{}^{2-}$ 이온과 반응하므로, Ba^{2+} 0.819몰은 0.189몰의 $SO_4{}^{2-}$ 이온과 반응하여 단지 0.819몰의 $BaSO_4$ 침전이 형성된다. 0.844몰의 $SO_4{}^{2-}$ 중 0.819몰만이 반응하고, 나머지 0.025몰 $SO_4{}^{2-}$은 반응하지 않고 남게 되는데, 이 $SO_4{}^{2-}$ 을 잉여반응물이라고 한다. 한계반응물이 정해지면, 반응식으로부터 생성물의 이론적 수량을 계산할 수 있다. Ba^{2+}이 한계반응물이므로 1.0몰 Ba^{2+}은 1.0몰 $BaSO_4$을 0.819몰의 Ba^{2+}은 0.819몰의 $BaSO_4$를 생성하기 때문에 생성된 $BaSO_4$의 질량을 구해 보면,

$$0.819\ \text{mol BaSO}_4 \times \frac{233.4\ \text{g BaSO}_4}{1\ \text{mol BaSO}_4} = 191\ \text{g BaSO}_4$$

즉 반응이 100%진행되면 191g의 $BaSO_4$가 생성된다.

이 실험에서 Na_2SO_4과 $BaCl_2 \cdot 2\ H_2O$의 혼합 비율을 모르는 혼합물이 물에 녹으면 식 1과 같이 반응이 일어나서 물에 불용성인 $BaSO_4$이 생성된다. 침전으로 된 $BaSO_4$의 무게를 달아 몰수를 계산한 값으로부터 $BaSO_4$을 생성한 $BaCl_2 \cdot 2\ H_2O$와 Na_2SO_4의 무게 및 몰수를 계산한다. 이렇게 한계 반응물과 잉여반응물을 결정하고, 초기 반응물의 무게 m_{SM}과 반응한 화합물의 무게 m_{LR}의 차이는 혼합물 속에 남아 있는 잉여반응물의 무게 m_{XR}이 된다.

$$m_{XR} = m_{SM} - m_{LR}$$

반응물 속의 한계반응물의 질량과 잉여반응물의 질량을 알면 혼합물의 조성 백분율을 결정할 수 있다. 또한 실험에서는, 항상 고유 실험 오차가 있다. 따라서, 실제 수득량과 이론적 수득량을 비교하여 그 결과를 퍼센트 수득률로 표현할 수 있다. 퍼센트 수득률(percent yield)이란 실제 수득량에 대한 이론적 수득량의 비를 백분율로 나타낸 것이다.

$$\text{퍼센트 수득률} = \frac{\text{실제 수득량}}{\text{이론적 수득량}} \times 100(\%)$$

퍼센트 수득률을 구하는 예를 들어보자. 다음 반응식은 $CdCl_2$와 Na_2S를 반응 시킨 것이다.

$$\text{CdCl}_2(aq) + \text{Na}_2\text{S}(aq) \longrightarrow \text{CdS}(s) + 2\ \text{NaCl}(aq)$$

이론상으로 계산한 $CdS(s)$ 침전물의 양이 0.788 g이라고 하자. 만약 실험에서 얻은 $CdS(s)$의 질량이 0.775 g 이었다면 퍼센트 수득률을 다음과 같이 구할 수 있다.

memo

$$수득률 = \frac{0.775\text{ g}}{0.788\text{ g}} \times 100(\%) = 98.4\%$$

기구 및 시약

400 mL 비이커, 시계 접시, 거름 장치, 온도계, 물중탕 장치, 칭량지, 뷰흐너 깔때기, 고무관, 유리 막대, 염산, 증류수, $BaCl_2 \cdot 2\ H_2O$, Na_2SO_4

실험방법

1 $BaSO_4$의 침전

(1) 혼합 비율을 모르는 Na_2SO_4와 $BaCl_2 \cdot 2\ H_2O$의 혼합물 약 1.0 g의 무게를 칭량지를 사용하여 정확히 단다(±0.001 g).

(2) 400 mL 비이커에 위의 혼합물 시료를 넣고 증류수 200 mL를 가한 후 유리 막대를 사용하여 1 mL의 진한 염산을 첨가하고, 1분간 용액을 잘 저어준 다음 침전을 방치한다.

(3) 비이커를 시계 접시로 덮고 80~90°C 정도의 약한 불꽃이나 물중탕에서 약 1시간 정도 가열한 후 (그림 1) 방치하여 침전을 가라앉힌다.

(4) 상층액을 50 mL씩 덜어 내어 A, B로 번호를 붙여 100 mL 비이커 2개에 넣는다. 나머지는 다음 실험 B를 위하여 남겨둔다.

(5) $BaSO_4$ 침전을 진공 상태로 거르고, 거름 종이를 증류수를 사용하여 깔때기에 잘 밀착시킨 후 아래 플라스크에 있는 물을 쏟아 버리고 거름 장치를 준비한다.

(6) 뜨거운 용액을 식기 전에 침전을 모두 깔때기에 옮긴다(그림 2). 비이커 벽에 묻은 침전은 고무 주걱이 달린 막대로 긁어서 옮긴 다음 거름 종이 위의 침전은 5 mL씩의 뜨거운 물로 두 번 세척한다.

(7) 거름종이 위에서 침전을 먼저 건조시키고, 하룻밤 정도 110°C의 오븐에서 건조 시킨다. 거름종이와 침전의 무게를 달아(±0.001 g) 그 무게를 기록한다.

2 한계반응물의 결정

다음 실험에 의해서 혼합물 내에 한계반응물을 결정한다. 위의 실험에서 따라낸 상층액을 50 mL씩 두 번 사용한다.

(1) 과량의 Ba^{2+} 실험: 50 mL의 용액이 담긴 비이커에 0.5 M SO_4^{2-} 두 방울을 기하라. 만약 침전이 생긴다면, Ba^{2+} 이온이 과량으로 존재한다는 것이며, 한계반응물은 SO_4^{2-}이다.

memo

(2) 과량의 SO_4^{2-} 실험: 50 mL의 용액이 담긴 비이커II에 0.5 M Ba^{2+} 이온을 두 방울 떨어뜨린다. 침전이 생긴다면, SO_4^{2-} 이온이 과량으로 존재한다는 것이며, 한계반응물은 Ba^{2+}이다.

예 다음 반응에서 50.0 g의 산화 망가니즈(MnO_2: 몰질량 = 86.94 g/mol)을 25 g의 알루미늄과 반응시켰을 때 한계반응물은 어느 것이며, 생성된 망가니즈 금속의 질량이 얼마인지 계산하라.

$$4\,Al + 3\,MnO_2 \longrightarrow 2\,AlO_3 + 3\,Mn$$

예비보고서

Laboratory Experiments for **GENERAL CHEMISTRY**

20　　년　　월　　일

학부(학과) .... 학번 ....

조 .... 이름 ....

$BaSO_4$ 침전

1. 혼합물의 무게(g)

2. 거름종이의 무게(g)

3. 거름종이와 침전물의 무게(g)

4. $BaSO_4$ 침전물의 무게(g)

한계반응물의 결정

1. 혼합물에서 한계반응물

2. 혼합물에서 잉여반응물

계산

결과보고서

Laboratory Experiments for **GENERAL CHEMISTRY**

20 년 월 일

학부(학과) 학번

조 이름

토의 및 고찰

실험 21

지문 채취

목 적

화학적 방법으로 사람의 지문을 확인하고 구분하는 원리와 방법을 알아본다.

원 리

지문 검출 시약은 크게 두 가지 형태로 나눌 수 있다. 한 가지는 발색시약(colorimetric reagent)이고 또 다른 한 가지는 형광시약(fluorogenic reagent)이다. 이러한 지문 채취방법은 사람의 손에 묻어있는 물질이 물체에 남기게 되는 유기 화합물의 반응성을 이용하는 것이다. 지문 확인을 위해 가장 보편적으로 사용되는 발색시약으로는 2,2-dihydroxy-1,3-indanedione(ninhydrin)과 이들 유도체 들이고, 형광시약으로는 NDB-fluoride, dansyl chloride, DABS-Cl, 및 DAS-Na 등이 있다. 이들 시약은 아미노산과의 반응에 의해 색깔을 나타내거나 형광을 띰으로써 지문을 검출할 수 있다.

본 실험에서는 간단한 지문채취방법인 아이오딘 증기법과 dansyl chloride법을 실험한다. 아이오딘 증기법은 단순히 아이오딘 증기의 흡착원리를 이용하는 것이고, Dansyl chloride법은 dansyl chloride와 아미노산이 반응하여 형광을 나타내는 dansylate가 형성되는 반응을 이용하는 것이다.

SO_2Cl — $H_2NCHRCOOH$ → $SO_2NHCHRCOOH$

Dansyl chloride — Dansylate(형광)

memo

실험방법

1 아이오딘 증기법

깨끗한 종이를 적당한 크기로 잘라 손에 땀이 난 상태에서 지문을 찍는다. 손을 깨끗이 씻고 난 후 다른 종이에 지문을 찍는다. 인주를 사용하여 비교할 지문을 찍어둔다.

지문이 찍힌 종이를 아이오딘 고체가 들어있는 병에 넣고 마개를 막고 관찰한다. 지문이 선명해 지면 꺼내어 인주로 찍어둔 지문과 비교해 본다. 땀이 난 상태에서 찍은 지문과 깨끗이 씻은 후에 찍은 지문을 비교한다.

2 Dansyl chloride 법

0.1% Dansyl chloride 용액을 준비한다(아세톤 용매). 지문이 찍힌 종이표면에 준비된 용액을 스프레이로 표면이 젖을 정도로 뿌린다. 용액이 젖은 종이를 약 50°C로 1분 정도 가열한다. UV등을 사용하여 종이표면을 비추어 지문을 확인한다.

아이오딘 증기법, 인주, dansyl chloride로 실험한 종이를 각각 비교한다.

어느 것이 선명한가?

예비보고서

Laboratory Experiments for **GENERAL CHEMISTRY**

20　　년　　월　　일

학부(학과) ....　　학번 ....

조 ....　　이름 ....

결과보고서

Laboratory Experiments for **GENERAL CHEMISTRY**

20　　년　　월　　일

학부(학과) .... 학번 ....

조 .... 이름 ....

토의 및 고찰

실험 22

화학찜질팩

목 적

발열반응과 흡열반응을 이용해 화학찜질팩을 만들어 본다.

원 리

모든 물질들은 어느 정도의 에너지를 가지고 있다. 화학반응들은 에너지 변화가 수반된다. 주변으로 열을 방출하면 발열반응이라 하고, 이는 화학반응에서 반응 물질이 생성 물질보다 더 많은 에너지를 함유하고 있으면 반응이 진행되면서 물질이 함유한 에너지가 감소한다. 이때 감소한 에너지를 외부로 방출한다. 이러한 반응을 발열반응이라고 한다. 일반적으로 발열반응이 일어날 때에는 외부로 열을 방출하므로 주위의 온도가 올라가며, 빠르게 진행되는 경우 많은 양의 열이 일시에 방출되어 폭발 현상이 수반되기도 한다. 금속의 산화, 연료의 연소, 중화반응 등의 화학 변화는 물론 기체의 액화, 액체의 응고 등의 상태 변화도 발열반응이다. 이와 다르게 주변의 열을 흡수하면 흡열반응이라 한다. 만약 반응물질의 에너지가 상대적으로 작고, 생성하고자 하는 물질의 에너지가 크다면 그 차이만큼의 에너지를 주위로부터 얻어와야 반응이 진행된다. 흡열반응은 이처럼 반응물이 가진 내부에너지보다 생성물이 가진 내부에너지가 커 주위로부터 열에너지를 흡수하면서 진행되는 반응이다. 자발적 화학반응은 일정한 온도와 압력에서 계에 대한 자유에너지 변화가 음(−)의 값을 가질 때 일어난다. 보통 찜질팩에는 두 가지 종류가 있다. 하나는 티오황산나트륨을 이용한 것이고 또 하나는 염화칼슘을 이용한 것이다. 티오황산나트륨 팩의 원리는 다음과 같다. 티오황산나트륨의 과포화용액이 에틸렌글리콜과 반응하기 시작하면서 발열반응과 함께 빠르게 결정화 반응이 일어난다.

memo

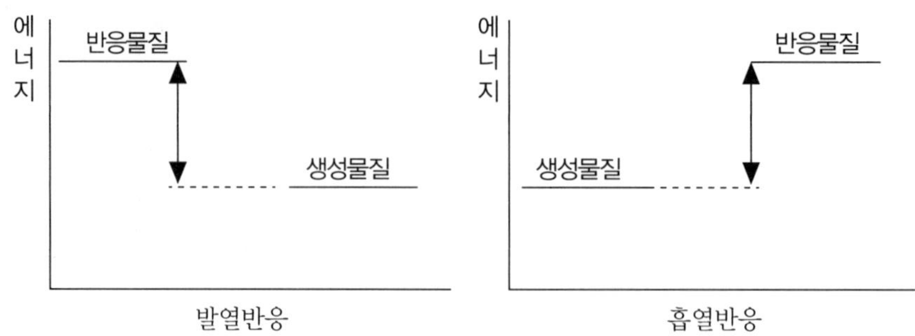

이 용

철가루의 산화반응에서는, 철과 산소가 반응물질이며 산화철이 생성물질이다. 철과 산소가 가지고 있는 에너지의 합이 산화철이 가지고 있는 에너지보다 크기 때문에 그 차이만큼의 에너지가 방출되는 것이다. 이때 방출되는 에너지의 대부분이 열에너지의 형태를 띠기 때문에 주변의 온도가 올라가며, 따라서 이를 발열반응이라고 부른다.

이러한 원리는 얼음팩과 같이 낮은 온도의 물질을 만드는 데 이용된다. 얼음팩은 액체와 고체가 따로 들어 있는 2개의 칸으로 이루어져 있는데, 팩을 구부러트려 액체와 고체가 서로 만나게 하면 반응이 진행된다. 이 때 일어나는 반응이 흡열반응이기 때문에 반응물들은 주위의 열을 흡수하여 생성물을 만든다. 이렇게 열을 빼앗겨 온도가 낮아지면서 차가운 얼음이 만들어진다.

기구 및 시약

과포화된 티오황산나트륨, 증류수, 고체염화칼슘, 에틸렌글리콜, 온도계, 비이커

실험방법

1 티오황산나트륨 팩의 원리

(1) 비이커에 과포화된 티오황산나트륨 100 mL을 넣는다.
(2) 또 다른 비이커에 과포화된 티오황산나트륨 50 mL를 넣고 증류수 50 mL를 넣어서 농도를 반으로 희석한다.
(3) 비이커에 에틸렌글리콜 20 mL를 준비한다.
(4) 첫 번째 과포화된 티오황산나트륨이 담겨져 있는 비이커에 온도계를 설치하고 초기온도를 측정한 후 에틸렌글리콜 10 mL를 천천히 적가 한다.

(5) 마지막 온도를 측정한 후 기록한다.

(6) 결과를 비교한다.

2 염화칼슘 팩의 원리

(1) 비이커에 21.8 g의 염화칼슘을 넣는다.

(2) 온도계를 비이커에 설치하고 초기온도를 측정한다.

(3) 증류수 17 mL를 한 번에 가한 후 비이커의 온도를 측정한 후 기록한다.

예비보고서

Laboratory Experiments for **GENERAL CHEMISTRY**

20 년 월 일

학부(학과) ______ 학번 ______

조 ______ 이름 ______

결과보고서

Laboratory Experiments for **GENERAL CHEMISTRY**

20 년 월 일

학부(학과) .... 학번 ....

조 .... 이름 ....

토의 및 고찰

문제

1. 발열반응과 흡열반응의 정의를 설명하고, 그림으로 표기 하시오.

2. 주위에서 관찰할 수 있는 발열반응과 흡열반응의 예를 쓰시오.

실험 23

알데하이드의 확인: 은거울 반응

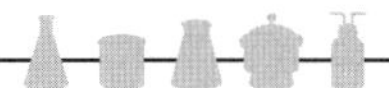

목 적

질산은의 환원에 의한 은 이온을 은으로 석출되는 반응을 통하여 산화-환원 반응을 이해하고 산화 조건에서 알코올은 알데하이드기와 케톤으로 바뀔수 있는 알코올의 산화를 확인 할 수 있다. 또한 알데하이드기를 가지는 다양한 화합물들의 반응성으로부터 알데하이드는 쉽게 유기산으로 산화되는 환원제로의 작용을 한다는 것을 알 수 있다.

원 리

알데하이드기는 —CHO를 가진 화합물을 말한다. 공기 중의 산소에 의해 산화되며, 카복실산으로 되기 쉽고, 은거울 반응을 통해서 검출할 수 있다. 이 알데하이드는 C = O를 가지고 있으므로 케톤과 비슷하지만 케톤보다 잘 산화된다.

알데하이드중 탄소사슬의 길이가 6~9개인 알데하이드는 방향을 지니고 있으므로 향료로 쓰이나, 탄소사슬이 이보다 긴 것은 물에 녹지 않는 고체를 이룬다. 방향을 지니고 있는 방향족알데하이드도 많다.

알데하이드는 암모니아수에 녹아 있는 은과 반응하여 산화되면서 카르복실산으로 바뀐다. 산화-환원 반응으로 환원반응에 의해 환원되는 은이 유리용기 속에 은도금을 하고 되고 이것을 은거울형성이라고 한다. 한 유리용기 속에 시료용액을 넣고 질산은 암모니아용액을 가하게 되면 은이온이 환원이 되어 유리용기를 은도금 하게 된다. 폼알데하이드, 글루코스, 타르타르산염 등은 환원성 유기화합물의 전형적인 것으로 이 반응으로 검출 할 수 있다. 하지만 케톤은 반을을 하지 않는다. 그 결과 은거울 반응을 통하여 알데하이드와 케톤의 구별도 가능하게된다.

$$\mathrm{RCHO} + 2\,[\mathrm{Ag(NH_3)_2}]^+ + 2\,\mathrm{OH^-} \longrightarrow \mathrm{RCOOH} + 2\,\mathrm{Ag}\downarrow + 4\,\mathrm{NH_3} + \mathrm{H_2O}$$

Aldehyde　　　　Carboxylic acid

기구 및 시약

0.10 M $AgNO_3$, 0.80 M KOH, 0.25 M dextrose($C_6H_{12}O_6$), 0.25 M acetaldehyde, 0.25 M acetone. 15 M HNO_3, 바이알병, 삼각플라스크, 250 mL 비이커, 스포이드, 유리막대

실험방법

1 은거울 반응 시약

150 mL의 질산 은 용액을 250 mL의 삼각플라스크에 넣는다. 여기에 15 M의 진한 암모니아수를 한방울씩 가하게 되면 갈색 침전이 생기고, 이 갈색 침전이 녹을때 까지 진한 암모니아수를 저어가면서 한방울씩 첨가한다. 한방울씩 첨가하며 흔들어 주었을 때 갈색 침전이 녹으며 투명해진다. 이를 암모니아성 질산은 용액(톨렌즈 시약)이라고 한다.

여기에 75 mL의 KOH용액을 첨가한다. 검은색의 침전이 다시 생성되면, 갈색 침전이 다시 녹을 때까지 15 M 진한 암모니아수를 저어주면서 방울방울 첨가한다.

2 3 mL의 dextrose 용액

acetaldehyde, acetone 용액을 각각 플라스크에 넣고, 은거울 반응 시약 45 mL를 첨가한 후, 마개를 막는다. 플라스크를 흔들어 주면서 혼합물이 잘 섞이도록 한다. 알데하이드의 경우 1분 이내에 플라스크의 표면에 은의 막이 형성되며, 계속해서 흔들어 주면, 5분 정도 지나서 은거울이 형성되는 것을 관찰 할 수 있다.

예비보고서

20 년 월 일

학부(학과) ____________ 학번 ____________

조 ____________ 이름 ____________

결과보고서

Laboratory Experiments for **GENERAL CHEMISTRY**

20 년 월 일

학부(학과) ______________ 학번 ______________

조 ______________ 이름 ______________

토의 및 고찰

문제

1. 은거울 반응의 화학적 반응식을 설명하시오.

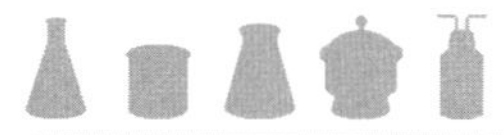

실험 24

화학발광(야광봉 만들기)

목 적

화학반응이 진행되는 동안의 에너지 변환에서 열에너지뿐만 아니라 빛으로도 에너지가 발현됨을 이해하고 이를 실험으로 통해 확인한다.

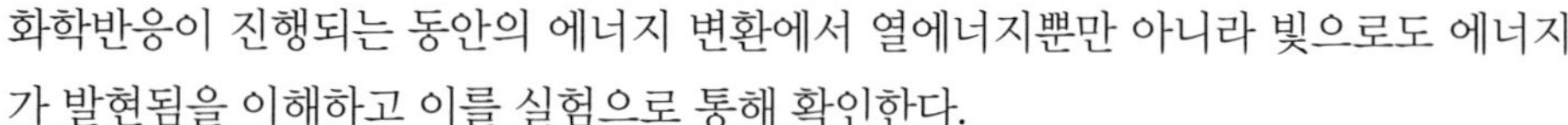

원 리

화학발광(Chemical luminescence)

화학반응에 수반하여 생기는 발광으로, 1670년 브란트가 노란인[黃燐]이 공기 중 어두운 곳에서 미약하게 청록색으로 발광하는 것을 보고 밝혀냈다. 보통 열을 수반하지 않는 냉광(冷光)으로 광화학 반응의 역으로 간주된다.

화학루미네선스라고도 한다. 빛의 형태로 에너지를 발산하는 화학반응을 말한다. 화학반응에 관여하는 물질이 들떠 발광하거나, 들뜬분자 또는 들뜬원자가 함께 존재하고 있는 다른 분자나 원자에 충돌하여 이것을 들뜨게 하여 발광시키는 경우 등이 있다. 대부분 열을 수반하지 않는 냉광으로 광화학 반응의 역이라고도 여겨지고 있으며, 형광과도 비슷하다. 1670년 브란트가 노란인이 공기 중 어두운 곳에서 미약하게 청록색으로 발광하는 것을 보고 밝혀냈다.

그 이후 염화나트륨 수용액에 격심하게 염화수소를 통과시키거나, 기체 암모니아에 염화수소를 반응시킬 때, 피로갈롤과 폼알데하이드의 혼합 알칼리 용액을 과산화수소로 산화시키는 경우 등 많은 화학발광이 발견되었다. 또 유기화합물 중 루미놀의 강알칼리성 용액을 과산화수소 · 과산화황산염 · 헥사사이아노철(III)산칼륨 등으로 산화시키면 낮에도 보일 정도로 강한 청자색 빛 발광이 나타난다.

이 중 과산화수소인 경우는 약하지만 오래 계속되는 발광이 나타나며, 특히 헤민 · 카탈라아제 등 구리나 철을 함유하는 착화합물에 의하여 촉진된다. 이들의 발광은 생체 내 산화 · 환원이나 생물발광과의 관계를 암시하고 있는 것으로 여겨지고 있어, 이에 대한 많은 연구가 진행 중이다.

memo

화학발광 원리

화학발광은 화학반응 중 생성된 에너지를 열 대신 빛으로 배출하는 것이다. 화학반응은 과산화수소(H_2O_2)와 디페닐옥살레이트(diphenyloxalate), 두 화학물질의의 화학적 반응에 의해 빛이 발산되어 화학발광이 된다.

각 화학물질은 분자로 이루어져 있는데, 분자는 중심에 원자와 그 주변에 놓인 전자들로 구성된다. 그리고 전자는 원자의 주변에서 일정한 위치에너지를 가지고 돌아다닌다. 이 정상적인 상태를 ground state라고 한다. 화학반응 과정에서 화학물질의 분자들은 에너지를 얻게 되는데 이 에너지는 분자 내 전자에게 전달되고, 전자는 그 에너지 때문에 평소 자신이 늘 있던 자리에서 좀 더 많은 위치에너지를 가진 곳으로 이동한다. 이때 위치에너지가 많은 상태를 excited state라고 하는데, 이 상태는 전자가 다량의 에너지를 보유하고 있는 상태이며, 많은 에너지를 가진 자리는 불안정하기 때문에 곧 자신이 평소 있던 ground state 상태로 되돌아오게 된다. 이때 excited state와 ground state의 에너지 차만큼 감소된 에너지가 빛 또는 열의 형태로 분자 밖으로 방출된다. 빛의 경우 방출되는 빛의 파장에 따라 빛이 가지고 있는 에너지의 크기가 정해진다. 우리가 가시광선, 자외선, 적외선, X-선 등을 나누는 기준이 바로 파장의 길이다. 하지만 모든 분자가 모든 에너지를 다 받아들이는 것이 아니고, 딱 맞는 에너지량이 있기 때문에, 화학발광도 아무 물질이나 섞는다고 되는 것이 아니다.

이 용

1 반딧불이

보통 전구는 에너지의 10%만을 빛으로 바꾸고 나머지는 열로 발산한다. 이에 비해 반딧불의 에너지효율은 100%에 가깝다. 빛은 루시페린이라는 발광 물질과 루시페라아제라는 발광 효소가 들어 있는 특수 세포가 만든다. 산소가 공급되면 아데노신삼인산(ATP)이라는 물질이 생기는데, 루시페라아제가 이것과 결합하면 불안정한 물질(excited state)로 바뀌고, 이 고에너지 물질이 안정한 물질로 변하면서 반딧불이의 배에서 빛이 흘러나오게 된다.

반딧불이와 화학발광은 거의 똑같은 원리에 의해 발광이 된다. 모두 전자가 고에너지 상태로 바뀌었다가 저에너지 상태로 되돌아가면서 빛을 내는 현상이다. 하지만 화학발광은 주로 화학적 물질, 화학물질을 이용한 발광이고 반딧불이는 체내의 효소와 ATP를 이용한 발광이라는 점에서 차이가 난다.

2 야광봉

화학발광의 원리와 똑같이 과산화수소와 디페닐옥살레이트의 화학적 반응에 의해 빛

memo

이 발산된다. 유리관 안에 과산화수소와 디페닐옥살레이트를 넣고, 구멍을 밀폐시킨 다음 흔들어주면 두 용액이 혼합되면서 화학반응이 시작되고, 그 결과로 화학발광 현상이 일어난다. 많은 야광봉들이 하루 쯤 쓰게 되면 발광이 사라지는데, 이것은 과산화수소와 디페닐옥살레이트의 반응이 더 이상 일어나지 않아서 화학발광이 생기지 않는 것이다. 과산화수소와 디페닐옥살레이트, 두 물질만 넣게 되면 푸른색을 띄는 야광봉이 완성되는데, 야광봉에 에오신이라는 물질을 넣으면 분홍색을, 플루오레세인이라는 물질을 넣으면 연두색을 띈게 된다.

기구 및 시약

Diphenyloxalate(형광액), 유기과산화수소 용액(산화제), 모세관, 비닐관, 유리구슬, 양초, 피펫

실험방법

(1) 한쪽이 막힌 투명한 플라스틱관에 유기과산화수소 용액을 1/3정도 스포이드를 이용하여 적당량 넣는다. 1mL의 일회용 주사기를 이용하여 유리관에 Diphenyloxalate을 3/4정도 넣는다. 형광액의 점성 때문에 관에 잘 들어가지 않을 경우는 흔들거나 유리관의 벽면을 따라 천천히 흘러내린다. 형광액을 다 넣은후 촛농을 이용하여 끝을 막는다. 이렇게 만든 유리관을 앞서 만든 플라스틱 관 안에 집어 넣는다. 이 때 플라스틱 관 안의 용액이 넘어 흐르지 않도록 조심 해야된다. 관을 넣고 쇠구슬이나 글루건을 이용하여 막는다.

이 관을 구부리면 안쪽에 있는 가는 유리관이 깨지면서 용액이 섞이게 되고 이 반응과정에서 빛이 나오게 된다. 화학반응의 경우 열이 출입하기도 하고 칩이 나오기도 하는데, 이 경우에는 빛이 나오는 반응이라 하겠다.

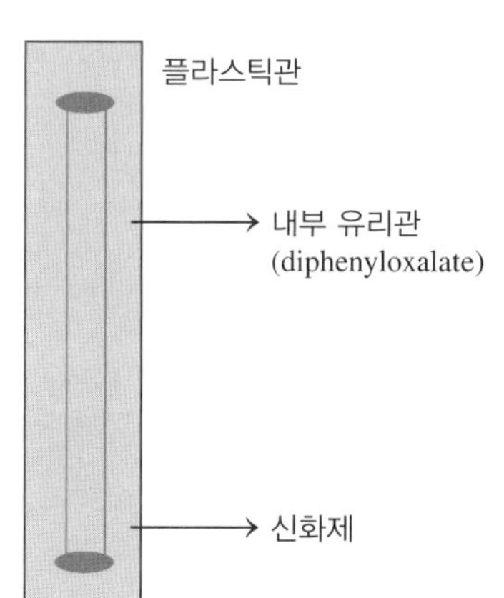

예비보고서

Laboratory Experiments for **GENERAL CHEMISTRY**

20　　년　　월　　일

학부(학과) ....　　학번 ....

조 ....　　이름 ....

결과보고서

Laboratory Experiments for **GENERAL CHEMISTRY**

20 년 월 일

학부(학과) 학번

조 이름

토의 및 고찰

문제

1. 화학발광의 원리와 에너지 변환에 대해 설명하시오.

2. 야광봉의 원리를 이용한 주위에서 볼 수 있는 화학발광에 대해 설명하시오.

실험 25

화장품 제조

배 경

화장품은 본래 햇빛이나 온도변화 및 해충으로부터 피부를 보호하려고 기름과 흙 또는 식물을 섞어 몸에 칠하였다. 현대의 화장품은 의약품처럼 치료목적으로 사용하지 않고 위생적으로 깨끗하게 화장하는 목적이 있다. 화장품은 오랫동안 매일같이 사용하므로 안정하고 부작용이 없고 피부의 호흡을 방해하지 않도록 너무 두껍게 바르지 않아야 한다.

화장품은 지정된 유효성분을 표시하고 함량을 정확하게 표시하여야 한다. 화장품의 성분은 표 25-1처럼 용도에 따라 여러 가지 종류들이 있다. 화장품 성분은 피부막의 삼투압 때문에 침투할 수 있고, 비슷한것은 비슷한것을 녹인다(like dissolves like)의 용해원리에 따라 녹아 침투할 수 있으므로 적어도 표 25-2처럼 비슷하여야 부작용이 없을 것이고 성분이 다르면 부작용이 있을 것이다. 그러므로 어떤 화장품은 부작용이 생긴다. 어떤 화장품의 pH 값은 생리 pH와 다른 것이 있고 어떤 화장품은 피부성분과 전혀 다른 것들이 있다. 예를 들어 retinal성분이 화장품에 함유되어 있어 주름살을 제거한다고 과대 광고하지만, 그 성분은 피부에 흡수되어 인체조직을 다시 구성하지 못한다. 화장품은 피부의 습도를 유지하는 역할만으로 충분하다. 살균력 때문에 화장품에 수은을 넣거나 산성이나 염기성 물질을 넣는 것도 상식에서 벗어난 것이고, 그것은 의약품에 속하는 것이다. 향기를 내려고 인공향료를 넣거나 색을 띠게 만들려고 지시약 색소를 넣고 산이나 염기로 색을 띠게 만드는 것은 오히려 피부를 보다 빠르게 노화하게 만드는 화학반응을 촉진할 뿐이다.

햇빛은 290~400 nm의 자외선 부분이 6%, 400~760 nm 부분의 가시선 부분이 51%, 760 nm 이상의 적외선 부분이 42%를 차지한다. 광선의 침투세기는 파장이 짧을수록 약하고(자외선은 깊게 침투하지 못한다) 길수록 깊이 침투한다. 그러나 피부 표면에서 화학변화를 일으키는 에너지는 자외선이 훨씬 더 크다.

memo

표 25.1 화장품의 종류

분류		사용목적	주요한 제품
피부용	기초화장품	씻기 정리 보호	face cream, foamulas skin conditioner, pack, massage cream milk lotion, moisture cream
	make-up 화장품	base-make, point-make 손톱	foundation, 백색분 lip-stick, eye-shadow, sun-oil nail-enamel
	body 화장품	목욕 sun-care, suntan 땀, 냄새 탈모, 탈색	비누, 액체 비누 sun-cream, sun-oil deordonant-spray 탈색, 탈모 cream
	모발용 화장품	씻기 treatment 머리정리 permanent wave 염색, 탈색	shampoo rinse, hair treatment hair-make pomade permanent wave lotion hair-bleach, hair-color, color-rinse
	향수 화장품	향기	향수

표 25.2 피부의 지질성분

지질	범위(wt%)
trighyceride	diglyceride
fatty acid	squarane
wax ester	cholesterol
cholesterol ester	19.5~49.4
2.3~4.3	7.9~39.0
10.1~13.9	22.6~29.5
1.2~2.3	1.5~2.6

(D.T Dawning, J.S. Straus, P.E. Pochi, J. Invest. Dermal. 53:232, 1969)

햇빛 차단제로 benzophenon이나 p-aminobenzoic acid(PAAH)를 사용하지만 실제로 피부에 닿는 햇빛을 모두 차단하려면 적어도 0.5 cm 이상 두께로 얼굴에 발라야 한다. 그리고 PABA는 햇빛에 분해되어 DNA의 guanine 염기서열을 변하게 만드는 위험성이 있다. 그러므로 햇빛 차단 화장품은 거의 효력이 없다.

memo

화장품은 일반적으로 10가지 이상의 화합물을 섞어 만든다. 그 중에서 보습제로 효과적이고 가장 많이 사용하는 것이 글리세린, sorbital, polypropylene glycol, poly ethyleneglycol 등이고, 이 화합물은 OH 원자단을 가지므로 친수성이다. 고체분말은 운모[$KAl_2(Si_3Al)O_{10}(OH)_2$], 탈크[$Mg_3SiO_{10}(OH)_2$], 카오린[$Al_2Si_2O_5(OH)_5$], 이산화티타탄($TiO_2$), 산화아연(ZnO), 산화철($Fe_2O_3$)를 사용하고 얼굴에 땀이나 기름이 많으면 분가루에 규조토 분말을 흡수제로 혼합하여 사용하다. 화장품을 만들 때 혼합, 용해, 분산, 보습, 에멀젼 때문에 계면활성제를 항상 함께 사용한다.

향료는 화장품에 0.1~2% 함유되어 있다. 향료는 빠르게 휘발되는 것을 방지하려고 보존제로 글리세린을 함께 사용한다.

실험방법

1 메니큐어 제거용매 제조법

아세톤 66%, 에틸아세테이트 20%, 물 14% 되게 섞은 다음 병에 보관한다. 필요하면 향료를 섞는다.

2 스킨로션 제조법

증류수	80.5%	혹은	글리세린	10%
propyleneglycol (혹은 글리세린)	3.0%		에틸알코올 물	10% 80%
polysorbate(tween) (계면 활성제)	1.6%			
ethanol	15%			

propyleneglycol, 물, tween 2O을 비이커에 넣고 섞은 다음 ethanol을 소량씩 섞으면서 가한다. 이때 용액이 투명하지 않으면 tween 2O을 더 넣는다. 필요하면 향료를 넣는다.

memo

3 밀크로션 제조법

01.

물	81.1 %
propyleneglycol	3.0 %
glycerine	3.0 %
triethanolamine	0.10 %

02.

polysorbate 80(tween 80) (계면 활성제)	1.20 %
sorbitan monostrarate (arlacel 60)	0.50 %
cetal 0.90	
stearic acid	0.90 %
paraffin wax	1.0 %
mineral oil (saturated hydrocarbons)	8.0 %

03.

1)과 2)를 각각 약 80°C로 가열하고 1)에 2)를 서서히 가하면서 혼합한 다음 식혀 향을 가한다.

4 크림 제조법

01.

물	76.9 %
propyleneglycol	3.0 %
glycerine	5.0 %
triethanolamine	0.1 %

02.

polysorbate 80(tween 80)	12 %
sorbitan monostrarate	0.5 %
(arlacel 60)	
cetal	1.5 %
stearic acid	1.5 %
vaseline(paraffin wax)	2.0 %
mineral oil	8.0 %
(saturated hydrocarbons)	

03.

1)과 2)를 각각 약 80°C로 가열한 다음 1)에 2)를 서서히 가하면서 혼합한다. 서서히 식힌 다음 향을 가하고 섞는다.

예비보고서

20 년 월 일

학부(학과) ______________ 학번 ______________

조 ______________ 이름 ______________

결과보고서

Laboratory Experiments for **GENERAL CHEMISTRY**

20 년 월 일

학부(학과) 학번

조 이름

토의 및 고찰

실험 26

크로마토그래피

목 적

현재 사용되고 있는 크로마토그래피의 창시자는 러시아 식물학자 M.S 츠베트이다. 1906년 녹색 잎에 함유되어 있는 색소를 탄산칼슘가루를 채운 유리관에 넣고 석유에테르 용액을 흘려 보내 분리한 것이 최초의 실험으로 알려져 있다. 그 뒤 41년 영국 A.J.P. 마틴 · R.L.M. 싱이 츠베트의 방법과 비슷하기는 하지만 분리의 원인이 다른 분배크로마토그래피를 이동상과 고정상이 액체인 액체－액체크로마토그래피의 형태로 도입하였다. 이후 분리에 관하여 정량적으로 다루기가 쉬워지고, 크로마도그래피를 이론적으로 다루는 것이 가능하여졌으며 분리법으로서의 기초가 확립되었다. 두 사람은 이 업적으로 52년 노벨화학상을 수상하였다. 이 방법은 이동상이 기체인 경우에도 널리 적용되어 기체 크로마토그래피로 발전하였다.

이번 실험에서는 크로마토그래피의 한 종류인 얇은막 크로마토그래피(Thin layer chromatography)를 사용하여 크로마토그래피의 원리를 이해하고 혼합물을 분리한다.

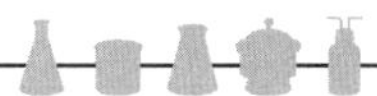

원 리

1 Chromatography는 색(chromato)을 기록한다(graphy)는 의미로써 혼합물을 정지상이나 이동상의 친화도에 따른 차이를 이용하여 분리하는 방법이다.

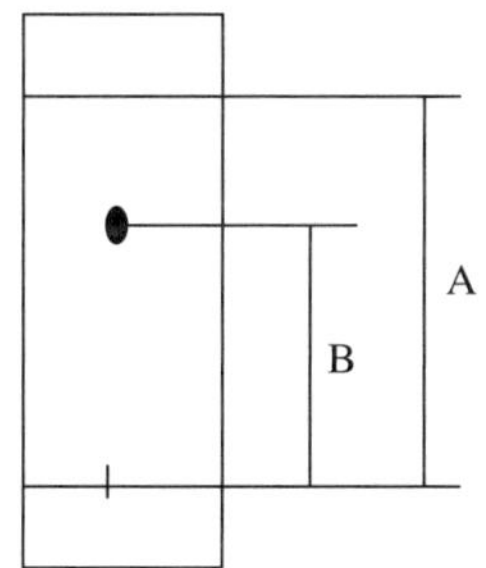

R_f(Retentin Factor)

$$= \frac{\text{성분물질이 이동한 거리}}{\text{용매가 이동한 거리}}$$

$$= \frac{B}{A}$$

memo

2 Chromatography의 종류

- 종이 크로마토그래피: 고정상이 셀룰로오스로 극성이 작용기가 많은 물질분리에 사용
- 얇은 판 크로마토그래피(TLC): 다양한 방법으로 확인이 가능하며 전개가 쉽고 전개 시간이 짧으므로 많이 사용
- 관 프로마토그래피: 적당한 흡착제를 사용하여 관에 채우고 분리에 알맞은 용매를 흘려보내 분리시키는 방법
- 액체 크로마토그래피: 이동상으로 적당한 액체용매를 사용하여 분리
- 기체 크로마토그래피: 불활성 기체를 흘려주어 sample과 고정상과의 관계로 분리하는 방법

3 Chromatography의 분류

(1) 흡착 크로마토그래피(adsorption Chromatography)
- 화합물이 고체 표면에 흡착되는 정도의 차이를 이용.

(2) 겔투과 크로마토그래피(gel Chromatography)
- 작은 분자가 교대로 결합된 겔의 틈새를 잘 침투하는 효과를 이용.

(3) 이온교환 크로마토그래피(ion exchange Chromatography)
- 주어진 pH가 해리에 의해 생긴 이온의 전하 차이를 이용.

(4) 분배 크로마토그래피(partition Chromatography)
- 용매에 녹는 정도가 다른 점을 이용.

(5) 액체 크로마토그래피(liquid-liquid Chromatography)
- 고체표면에 얇은 액체의 막을 입힌 정지상(stationary phase) 사이로 극성이 다른 용액(이동상, mobile phase)을 흘려주면서 두 액체 사이에 물질의 분배가 일어 나도록하는 경우.

(6) 기체-액체 분배 크로마토그래피(gas-liquid partition Chromatography)
- 기체를 이동상으로 이용.

(7) 정상 액체 크로마토그래피(normal phase liquid Chromatography)
- 실리카겔이나 알루미나 같이 극성이 큰 고체 표면에 물 같이 극성이 큰 액체 막을 입힌 정지상과 극성이 작은 용액을 이동상으로 사용.

(8) 얇은 층 크로마토그래피(thin layer Chromatography, TLC)
- 실리카겔의 얇은 막을 알루미늄이나 플라스틱 판에 입힌 정지상을 사용. 모세관 현상에 의 해 전개제가 TLC판 위쪽으로 전개될 때 시료 분자들도 함께 퍼지게 되고, 시료 분자들이 정지상과 노출된 실리카겔의 실란올기와 이동상 사이에 분배되는 계가 다르기 때문에 전개제가 위쪽으로 올라가면서 시료 분자들이 분리된다.

memo

(9) 역상 액체 크로마토그래피(reversed-phase liquid Chromatography)

- 정지상으로는 무극성의 옥타데실기(2C18H37, 흔히 "C-18기"라고 함)처럼 긴 탄화수소 사슬이 공유 결합으로 결합된 막을 입힌 작은 입자를 사용한다. 이동상은 물과 유기용매를 섞어서 극성을 조절한 혼합용액을 사용한다.

기구 및 시약

TLC Chamber	모세관	TLC판	UV Detector
전개제	전개용매1 (n-Butanol: EtOH : Ammonia water = 3 : 1 : 1)		
	전개용매2 (n-Butanol: Acetic acid : 증류수 = 4 : 1 : 2)		

(1) Aspirin: w.t = 180.16, d = 1.40 m.p = 135

Acetaminophene

Aspirin

실험방법

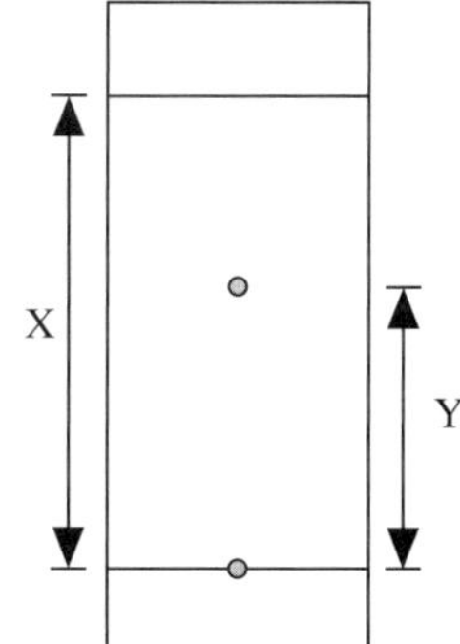

$$R_f = \frac{\text{Y(시료가 이동한 거리)}}{\text{X(용매가 이동한 거리)}}$$

1 시료의 제조

(1) Acetaminophene(1~2 mg) 취하여 EtOH와 물의 1 : 1 혼합물 3 mL에 녹인다.
(2) Aspirin을 0.1M 농도로 acetone에 용해시킨다.

2 전개 용매 제조

(1) 전개용매1 (n-Butanol : EtOH : Ammonia water = 3 : 1 : 1)
(2) 전개용매2 (n-Butanol : Acetic acid : 증류수 = 4 : 1 : 2)

3 크로마토그래피

(1) TLC판의 밑에서 1 cm 정도 위치에 연필로 선을 긋고 모세관을 이용하여 시료를 각각 한 방울씩 점적한다.
(2) TLC Chamber 에 점적한 TLC를 넣고 전개용매 1로 전개시킨다. 이때 전개용매의 깊이는 1 cm 이하 이어야 하며, 이때 뚜껑을 꼭 덮는다.
(3) 전개용매가 위쪽에 거의 도달하였을 때 꺼내어 연필로 표시한 후 꺼내어 말린다.
(4) 각 물질의 R_f 값을 계산하여 비교한다. 이때 아스피린은 UV Detector를 이용하여 R_f 값을 계산하여 비교한다.
(5) 전개용매 2로도 위와 같은 실험을 한다.
(6) 미지시료를 전개시킨 후 어떤 지시약으로 구성되어 있는지 알아본다.

예비보고서

Laboratory Experiments for **GENERAL CHEMISTRY**

20 년 월 일

학부(학과) ______ 학번 ______

조 ______ 이름 ______

결과보고서

Laboratory Experiments for **GENERAL CHEMISTRY**

20 년 월 일

학부(학과) ________ 학번 ________

조 ________ 이름 ________

토의 및 고찰

실험 27

구리(II)착물 및 벤조산의 합성

목 적

화학산업의 중요한 목적은 의약품, 비료, 고분자 등의 화학제품의 제조이다. 이러한 화학과정을 합성(synthesis)이라고 한다. 이러한 합성의 방법을 이해하고 반응물과 생성물로부터 생성물의 퍼센트 수득률을 계산한다.

원 리

이번 실험에서는 간단한 무기화합물로서 구리착물인 $[Cu(en)_2]SO_4$와 흔히 사용되는 유기물질인 벤조산(benzoic acid)을 만들려고 한다. 퍼센트 수득률은 실험에서 얻은 생성물의 양을 이론 치로 나눈 후 100을 곱하여 준 값이다.

$[Cu(en)_2]SO_4$

착물(complex)은 중심에 있는 금속이온이 정해진 수(배위수)의 원자에 의하여 둘러싸인 화합물이다(예: 암모니아의질소, 물의산소). 많은 경우에 같은 분자의 두원자가 금속 이온을 둘러싸며(배위), 이렇게 하여 생긴 화합물을 킬레이트(chelate)라고 한다.

이 실험에서는 킬레이트 착물을 형성하는 대표적인 여러자리 리간드인 ethylene diamine과 구리(II)이온을 반응시켜

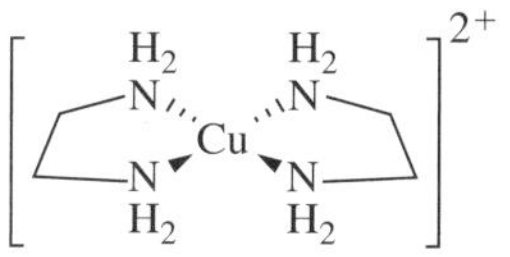

$[Cu(en)_2]^{2+}$

많은 배위화합물은 천연물에 존재한다. 예로서, 피에서 산소를 운반하는 헤모글로빈은 철(II)의 배위화합물이며, 광합성에 관여하는 엽록체는 마그네슘(II)의 배위화합물이다. 구리(II) 이온의 착물도 자연에 많은 구조로 존재한다. 구리(II) 이온을 많이 섭취하면 해로우나 소량의 구리 이온은 필수 영양성분이다. 구리 이온은 미토콘드리

memo

$$C_6H_5COOCH_3 + NaOH \longrightarrow C_6H_5COO^-Na^+ + CH_3OH$$

$$\downarrow$$

$$C_6H_5COOH$$

아에서 에너지 생산에 관여하는 효소가 원활히 활동하는 데 필요하며 뼈와 신경조직의 생성에도 필수적이라고 한다. 구리 이온은 위와 소장에서 아미노산과 펩타이드와의 착화합물을 통하여 흡수된다.

벤조산

벤조산은 딸기에 많이 들어 있는 유기산이다. 벤조산은 항균작용이 있기 때문에 식품의 방부제로 쓰인다(흔히 안식향산이라고 부른다). 이번 실험에서는 비누화 반응(saponification)이라고 알려진 반응을 이용하여 벤조산 메틸(methyl benzoate)로 부터 벤조산을 만들려고 한다.

실험방법

1 글리신산 구리(II)의 합성

- 기구: 150 mL 비이커, 100 mL 비이커, 가열판, 부흐너 깔때기, 감압플라스크
- 시약: 아세트산 구리(II) 일수화물 0.8 g, 글리신 0.65 g, 1-프로판올 12 mL

반응

0.80 g의 아세트산 구리(II) 일수화물을 0.01 g 단위까지 달아 150 mL 비이커에 넣고 7.5 mL의 증류수를 가한다.

0.65 g의 글리신(glycine)을 100 mL 비이커에 넣고 5 mL의 증류수를 가한다.

2개의 비이커를 가열판(hot plate) 위에서 고체가 녹을 때까지 끓인다.

memo

고체가 다 녹고 용액이 거의 끓는점에 있을 때, 두 비이커를 가열판에서 치우고(주의: 뜨거움) 글리신용액을 구리용액에 붓고 잘 저어준다.

Work-up

실온에서 5분 정도 식힌 후 얼음물에 비이커를 담근다.
결정이 생기기 시작하면 12 mL의 1-프로판올을 가한다.
몇 분 더 식힌 후 부흐너 깔때기를 이용하여 여과한다. 비이커에 남아 있는 고체는 아세톤(wash bottle)으로 씻어 여과지에 모은다.
침전물을 아세톤으로 2~3번 씻고 질량을 잰 여과지에 고체를 옮긴다.

분석

하루 동안 실온에서 건조하고 질량을 잰다.
퍼센트 수득률을 구한다(생성물은 다음 실험에서 사용할 것이므로 버리지 말고 보관할 것).

2 벤조산메틸의가수분해

반응

500 mL 비이커를 증류수로 반쯤 채우고, 끓을때까지 가열한다.
100 mL 삼각플라스크에 약 3 mL의 벤조산 메틸을 넣고 질량을 0.01 g까지 잰다.
8 mL의 1-프로판올, 10 mL의 6 M NaOH를 넣고 잘 저어준 후, 끓는 물이 담긴 비이커에서 15분간 가열한다.

Work-up

물 중탕에서 꺼내고 얼음물에서 몇 분 동안 식힌다.
얼음물에서 12 mL의 6 M HCl을 가한다.
생성물을 부흐너 깔때기를 이용하여 여과하고, 고체를 얼음물로 세 번 씻어 공기 중에서 하루 동안 말린다.

분석

생성물의 질량을 재고 수득률을 계산한다.
생성물의 mp(녹는점)를 측정한다.

예비보고서

20 년 월 일

학부(학과) ______ 학번 ______

조 ______ 이름 ______

결과보고서

Laboratory Experiments for **GENERAL CHEMISTRY**

20 년 월 일

학부(학과) ……………… 학번 ………………

조 ……………… 이름 ………………

토의 및 고찰

실험 28

착화합물의 합성과 성질

목 적

전이금속 이온과 몇 가지 리간드 사이의 착물 형성을 반응혼합물 용액의 색깔 변화를 통해 확인하고, 간단한 착물을 합성하여 결정으로 석출시킨다.

원 리

금속을 포함하는 많은 화합물과 다원자 이온에서 금속양이온은 몇 개의 음이온 또는 중성 분자에 의해 둘러 싸여져 있다. 이들 금속양이온을 직접 둘러 싸고 있는 것들을 리간드(Ligand)라고 하며, 이러한 화합물을 배위화합물(Coodination compound) 또는 착물(Complex)이라고 한다. 리간드로 작용할 수 있는 중성분자나 음이온은 비공유 전자쌍을 가지고 있다. 그 예로, 중성분자 리간드에는 NH_3, H_2O 및 NO 등이 있고, 음이온 리간드에는 Cl_2, CN_2, Br_2, $S_2O_3^{2-}$ 등이 있다.

배위결합(Coordination bond)은 부분적으로 이온결합 성격을 갖는 일종의 공유결합이다. 착물 형성 시 리간드(루이스 염기)는 비공유전자쌍을 금속 양이온(루이스산)에 제공하여 전자쌍을 공유하게 되기 때문이다. 예를 들어, 황산구리($CuSO_4$) 수용액에 묽은 암모니아수를 조금 가하면 연푸른색의 침전물 $Cu(OH)_2$ 가 생성되나 계속해서 암모니아수를 가하면 진한 푸른색 용액이 된다. 이것은 암모니아 분자에 의해 물에 녹는 진한 푸른색의 사암민구리(II) 착이온 $[Cu(NH_3)_4]^{2+}$이 생겼기 때문이다.

$$Cu^{2+} + 2\,NH_3 + 2\,H_2O \longrightarrow Cu(OH)_2\downarrow + 2\,NH_4^+$$
$$Cu(OH)_2 + 4\,NH_3 \longrightarrow [Cu(NH_3)_4]^{2+} + 2\,OH^-$$

memo

표 25.1 몇 가지 착물에서 중심 금속이온에 대한 배위수

중심 금속이온	배위수	리간드	착이온	명 명
Ag^{+}	2	NH_3	$[Ag(NH_3)_2]^{+}$	이암민은(I) 이온
Cu^{2+}	4	NH_3	$[Cu(NH_3)_4]^{2+}$	사암민구리(II) 이온
Zn^{2+}	4	NH_3	$[Zn(NH_3)_4]^{2+}$	사암민아연(III) 이온
Co^{3+}	6	NH_3	$[Co(NH_3)_6]^{3+}$	육암민코발트(III) 이온
Cr^{3+}	6	NH_3	$[Cr(NH_3)_6]^{3+}$	육암민크롬(III) 이온
Fe^{2+}	6	CN^{-}	$[Fe(CN)_6]^{4-}$	육시아노철(II) 이온
Fe^{3+}	6	CN^{-}	$[Fe(CN)_6]^{3-}$	육시아노철(III) 이온

암모니아와 같이 전자쌍을 중심금속 이온에게 내어 주는 화학종을 리간드라 하며, 대개 C, N, O, S 등의 원소를 포함하는 분자나 음이온이 여기에 속한다. 할로겐화 음이온도 리간드가 될 수 있다. 수용액 중에서 대부분의 금속이온은 M^{n+}같은 유리상태로 존재하지 않는 대신 몇 개의 물 분자가 배위된 아쿠아 착이온으로 존재한다. 중심 금속이온에 배위결합을 하는 리간드의 수를 배위수(Coodination number)라 하며 일반적으로 2, 4 및 6 배위수를 갖는 착물이 많고, 드물게 3, 5, 7 및 8배위 착물도 존재한다.

또한, Cu^{2+}가 포함되어 있는 용액에 에틸렌디아민($H_2N\text{-}CH_2\text{-}CH_2\text{-}NH_2$)의 수용액을 가하면 Cu^{2+}는 에틸렌디아민의 두 질소에 배위되어 고리 모양의 착이온을 형성한다.

$$[Cu(NH_3)_4]^{2+} + H_2N\text{—}CH_2CH_2\text{—}NH_2 \longrightarrow [Cu(NH_3)_2(H_2N\text{—}CH_2CH_2\text{—}NH_2)]^{2+} + 2\,NH_3$$

에틸렌디아민과 같이, 1개의 리간드가 금속이온과 두 자리 이상에서 배위결합을 하는 경우 여러 자리 리간드 또는 킬레이트(Chelate)라 하며, 이렇게 하여 만들어진 착물을 킬레이트 화합물(Chelate compound)이라고 한다. 또한 같은 종류의 킬레이트가 2개 이상 동시에 결합된 착물에서 사각평면형과 팔면체형의 경우 입체 이성질체가 가능하다.

전이금속의 착이온은 수화된 이온과 그 성질이 다르며, 착물형성반응에는 색의 변화를 가져오는 경우가 많다. 따라서, 착물형성반응은 특정 금속이온의 검출이나 분리에 자주 이용된다.

기구 및 시약

시험관, 시험관 받침대, 거름종이, 비이커(200 mL), 유리젓개, 뷔흐너 깔때기, 여과장치, 눈금피펫(10 mL), 삼각플라스크(100 mL), $CuSO_4 \cdot 5\ H_2O$, 4 M NaOH, 10% Na_2CO_3, 10% KSCN, 타르타르산, CH_3CHO, NH_4OH, 메탄올

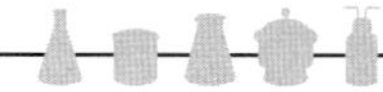

실험방법

1 Cu(II) 이온의 착물 형성 반응

(1) 시험관에 0.2 M 황산구리 용액 1 mL를 넣은 다음 4 M 수산화나트륨 용액 2 mL를 천천히 가한 후, 반응혼합물 용액을 물중탕으로 따뜻하게 하여 관찰된 결과를 기록한다.

(2) 시험관에 0.2 M 황산구리 용액 1 mL를 넣은 다음 타르타르산 3~5방울을 가한 후 4 M 수산화나트륨 2 mL를 가한다. 다시 여기에 아세트알데히드 1 mL를 가한 후 물중탕으로 용액을 따뜻하게 한다. 관찰된 결과를 기록한다.

(3) 시험관에 황산구리 용액(0.2 M) 1 mL를 넣은 다음 과량의 4 M 암모니아수를 천천히 가한다. 과정(1)의 결과와 비교한다.

(4) 시험관에 0.2 M 황산구리 용액 1 mL를 넣은 다음 과량의 10% KSCN 용액을 천천히 가한다. SO_2 기포가 생기면 약간 가열하여 기포를 제거하고, 수돗물로 식힌다. 일어나는 반응을 관찰하고 기록한다.

2 황산사암민구리(II)의 합성

황산구리 결정 7.0 g을 달아서 100 mL 삼각플라스크에 넣은 다음 증류수 15 mL를 가한 후 가열하여 용해시킨다. 완전히 녹았으면 실온까지 식힌다. 이후의 과정은 안전을 위하여 후드내에서 실시한다. 진한 암모니아수를 조금씩 잘 저으면서 가하고, 처음 생긴 침전이 모두 녹을 때까지 가한다. 이때 구리 이온은 모두 사암민구리(II)의 착이온으로 된다. 이 용액에 메탄올 15 mL를 가하면 황산사암민구리(II)의 푸른색 침전이 생성된다. 뷔흐너 깔때기로 감압 여과한 다음, 결정을 다시 5 mL 정도의 메탄올로 씻는다. 침전을 마른 여과지 사이에 넣고 눌러서 물기를 제거한 다음 공기 중에 말리고, 무게를 달아 수득률을 계산한다.

예비보고서

20 년 월 일

학부(학과) .... 학번 ....

조 .... 이름 ....

결과보고서

20 년 월 일 20 년 월 일

학부(학과) .... 학번 ....

조 .... 이름 ....

요 약

결과 및 계산

1. 실험 1에서 생성된 착이온의 색을 쓰고, 예상되는 착이온의 화학식을 쓰시오.

실험	착이온의 색	착이온의 화학식
1		
2		
3		
4		

2. 실험 2의 수득률을 계산하시오.

침전의 양 ______ g

이론적인 침전의 양 ______ g

수득률 ______ %

토의 및 고찰

문제

1. $[Co(NH_3)_4Cl_2]^+$가 팔면체형 구조를 갖는다고 가정하면 몇 개의 기하 이성질체가 존재하겠는가? 그리고 그 구조식을 그리시오.

2. $[Pt(NH_3)_2Cl_2]$가 사각평면형 구조를 갖는다고 가정하면 몇 개의 기하 이성질체가 존재하겠는가? 그리고 그 구조식을 그리시오.

3. 다음 화합물을 명명하시오.

(a) $[Cr(NH_3)_5Br]Br_2$

(b) $K_4[Fe(CN)_6]$

(c) $[Pt(NH_3)_2Cl_2]$

(d) $[Co(H_2O)_6]^{3+}$

실험 29

페놀수지 제조

페놀은 Novolak 수지(산 촉매를 이용한 합성)와 Resole 수지(염기 촉매를 이용한 합성)의 두 가지로 분류한다. Novolak 수지는 오래 두어도 용매에 녹일 수 있고 가열하여 녹일 수 있는 수지이고, 폼알데하이드를 첨가하여 성형재료와 결합제로 사용한다.

Novolak 수지를 합성할 때 페놀/폼말린의 배합비는 용도에 따라 다르지만 일반적으로 F/P = 0.8~1.0 이다. (F = Formaline, P = phenol) 촉매는 염산이나 oxalic acid를 사용한다. 대표적 제법은 다음과 같다.

페놀	13.00 g
폼말린	1,110~1,220(F/P = 0.810~0.885)
oxalic acid	4.55~6.50(페놀의 0.35~0.5%)
염산	2.6~4.9(페놀의 0.2~0.5)
물	130(페놀을 녹일 때 사용한다)

우선 페놀, 폼말린, 옥살산을 넣고 60분 동안 환류냉각한 다음 염산을 넣고 35분 동안 환류냉각을 한다. 냉수를 다량 가하여 반응을 정지하고 30 min 둔다. 사이폰으로 물을 제거하고 110°C에서 탈수 한다. 식혀서 고체로 만들거나 뜨거운 상태에서 알코올을 가하여 바니스로 만든다.

Novolak 수지의 합성반응은 다음과 같다.

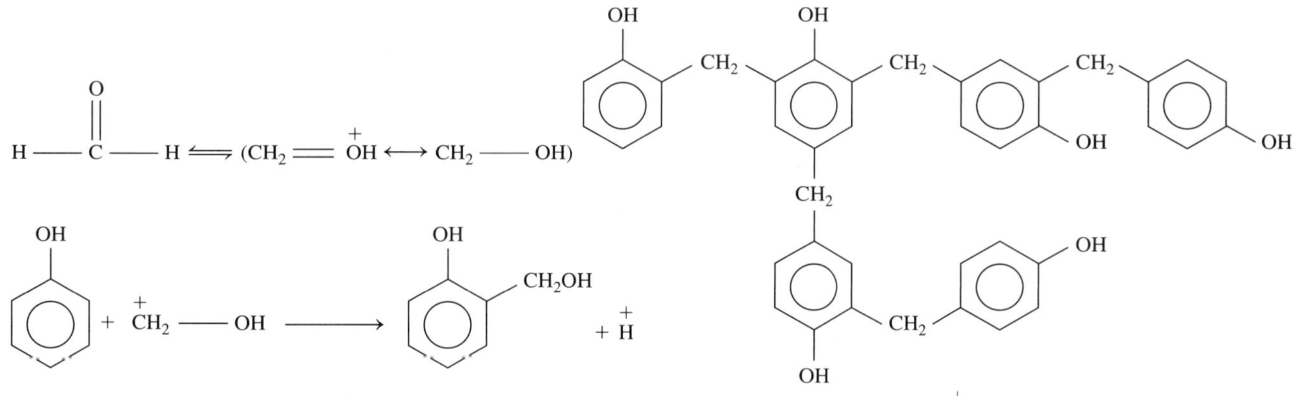

$$H-\overset{O}{\overset{\|}{C}}-H \rightleftharpoons (CH_2=\overset{+}{O}H \longleftrightarrow \overset{+}{C}H_2-OH)$$

$$C_6H_5OH + \overset{+}{C}H_2-OH \longrightarrow HOC_6H_4CH_2OH + \overset{+}{H}$$

memo

Resole 수지의 대표적 제법은 다음과 같다.

	수용성 바니스	베니어판 접착제
페놀	1000 g	1,500 kg
폼말린	1,290	1,350
암모니아(26%)	–	75
NaOH	21	–
인산(85%)	21	–

수용성 바니스는 페놀, 폼말린, NaOH를 섞고 60°C에서 3시간 반응한 다음 인산을 가하여 중화하고 진공 탈수한다. 수지함량은 약 60°C 이다.

베니어판 접착제는 페놀 혹은 크레솔, 폼말린, 암모니아를 섞고 1시간 환류 냉각한 다음 진공에서 1000~1200 kg 물을 제거한다. 용제로 메탄올 750 kg을 넣고 섞는다.

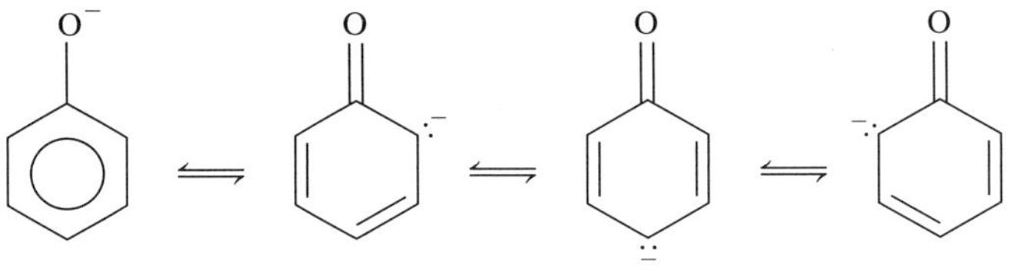

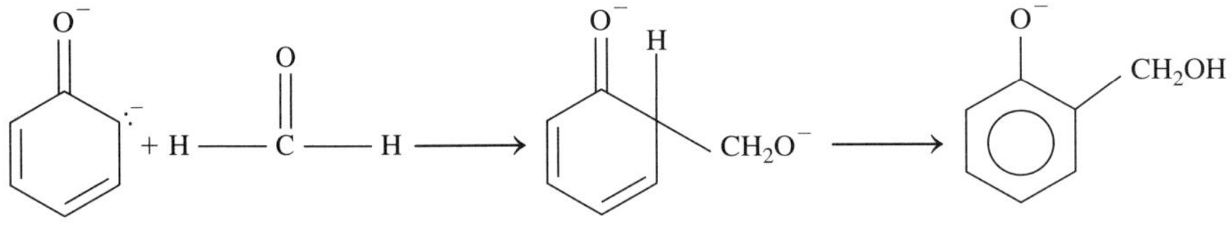

O^- O O O

O^- $+ H—C(=O)—H \longrightarrow$ O^- H CH_2O^- $\longrightarrow$ O^- CH_2OH

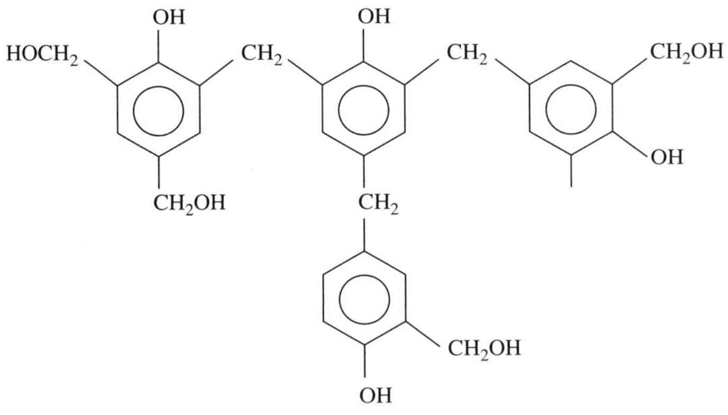

OH OH HOCH$_2$ CH$_2$ CH$_2$ CH$_2$OH OH CH$_2$OH CH$_2$ CH$_2$OH OH

페인트(paint)는 운반체(vehicle)라는 액상(유기용매에)에 안료(pigment)입자들이 분산된 액체이다. 페인트를 표면에 칠하면 결합제(binder)라고 알려진 폴리머 매트릭스에 분산된 안료들이 고체필름으로 건조되어 나타난다. 안료는 색을 띠게 만드는 장식효과를 갖는다. 외부에 칠하는 페인트는 결합체의 광문해 방지에 대단히 중요하다. 예를 들어 더운 여름날씨에 피부에 十分溢 九分足 (열이면 넘치고 아홉이면 충분하다) 이라고 페인트로 썼을 때 그 부분은 백색으로 그대로 남아 있을 것이다. 이것

memo

은 안료 때문이다. 안료입자는 지름이 대략 1이고 이러한 입자 크기는 가시광선을 매우 효과적으로 산란하고 안료의 은폐력(hiding power)에 기여한다. 건조한 페인트 필름 중 안료는 부피로 약 60 %를 차지하고 바니스(vanish)는 안료없는 운반체만 지칭한다. 그러므로 바니스는 고분자물질을 합성 후 알맞은 용매로 묽힌 액체이고, 페인트는 바니스에 안료를 섞은 액체이다. 페인트를 만들 때 분말 안료와 운반체는 무게비로 1:2 되게 섞고 건조체는 탄산코발트 (I) 혹은 지방산 코발트 (I)를 섞는다. 안료는 원하는 색에 따라 전이원소산화물을 이용한다. 적색은 Fe_2O_3, 청색은 Cr_2O_3, 백색은 TiO_2 등을 섞어 사용한다.

준비물

Novolak 수지의 합성방법에 따른다.
기구: 비이커(50 mL) 1개, 종이컵(200 mL) 1개
시약: 페놀, 폼말린, 옥살산, 염산

실험방법

(1) 비이커(500 mL)에 물 150 mL를 넣고 약 80°C 정도로 가열한다.
(2) 종이컵에 페놀 5 mL, 폼말린 5 mL, 옥살산 0.2 g, 물 5 mL를 넣고 섞는다.
(3) 물 중탕에서 1시간 가열한 다음 염산 0.1 mL를 넣고 약 30분간 더 물 중탕한다. 가열하는 동안 계속 젓는다. 물을 제거한 다음 냉각하면 고체로 변하고 메틸알코올을 가하면 액체 바니스로 보존할 수 있다.
    비이커에 묻어 있는 페놀 수지는 고체로 변하기 전에 메틸알코올로 씻어야 한다.
(4) 수지의 수율을 계산하시오.

예비보고서

Laboratory Experiments for **GENERAL CHEMISTRY**

20 년 월 일

학부(학과) ______ 학번 ______

조 ______ 이름 ______

결과보고서

Laboratory Experiments for **GENERAL CHEMISTRY**

20 년 월 일

학부(학과) .... 학번 ....

조 .... 이름 ....

문제

1. 합성수지를 이용하여 성냥불로 연소실험을 하시오.

2. 합성수지를 성냥개비에 묻힌 다음 가열하여 탈수한 다음 메탄올에 녹는가 실험을 하시오.

3. 실험에서 만든 Novolak 수지를 이용하여 적색 페인트를 만드는 방법을 설명하시오.

4. 이 실험은 왜 종이컵을 이용했는가?

5. 폼말린을 이용하여 합성한 수지는 옷장칠에 많이 사용한다. 피부 혹은 단백질이 폼말린에 닿으면 굳는다. 그러므르 특히 어린이들에게 폼말린 냄새를 맡게 방치라는 것은 대단히 해롭다. 당신이 폼말린을 이용하여 수지를 합성할 때 폼말린 냄새를 맡지 않는 방법은 무엇인가?

6. 당신의 주위에서 식품을 제외하고 합성수지를 사용하지 않는 제품을 다섯 가지만 쓰시오.

부록 01

실험실에서 사용되는 기구

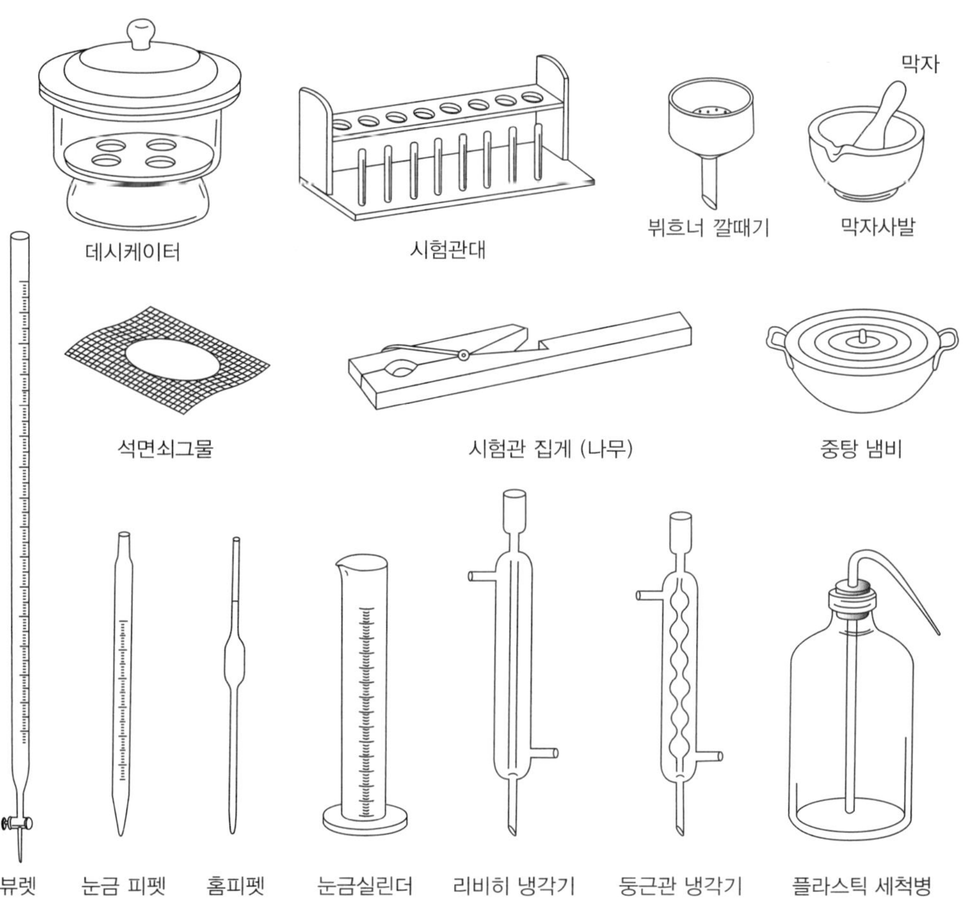

memo

도가니 집게

핀치 클램프

시험관

U자관

시계 접시

증발접시

페트리 접시

구멍뚫이

삼각비이커

비이커

씻기병

지시약병

삼각플라스크

메스플라스크

연결관

도가니

삼각석쇠

넓적바닥
플라스크

둥근바닥
플라스크

삼발이

아스피레이터

memo

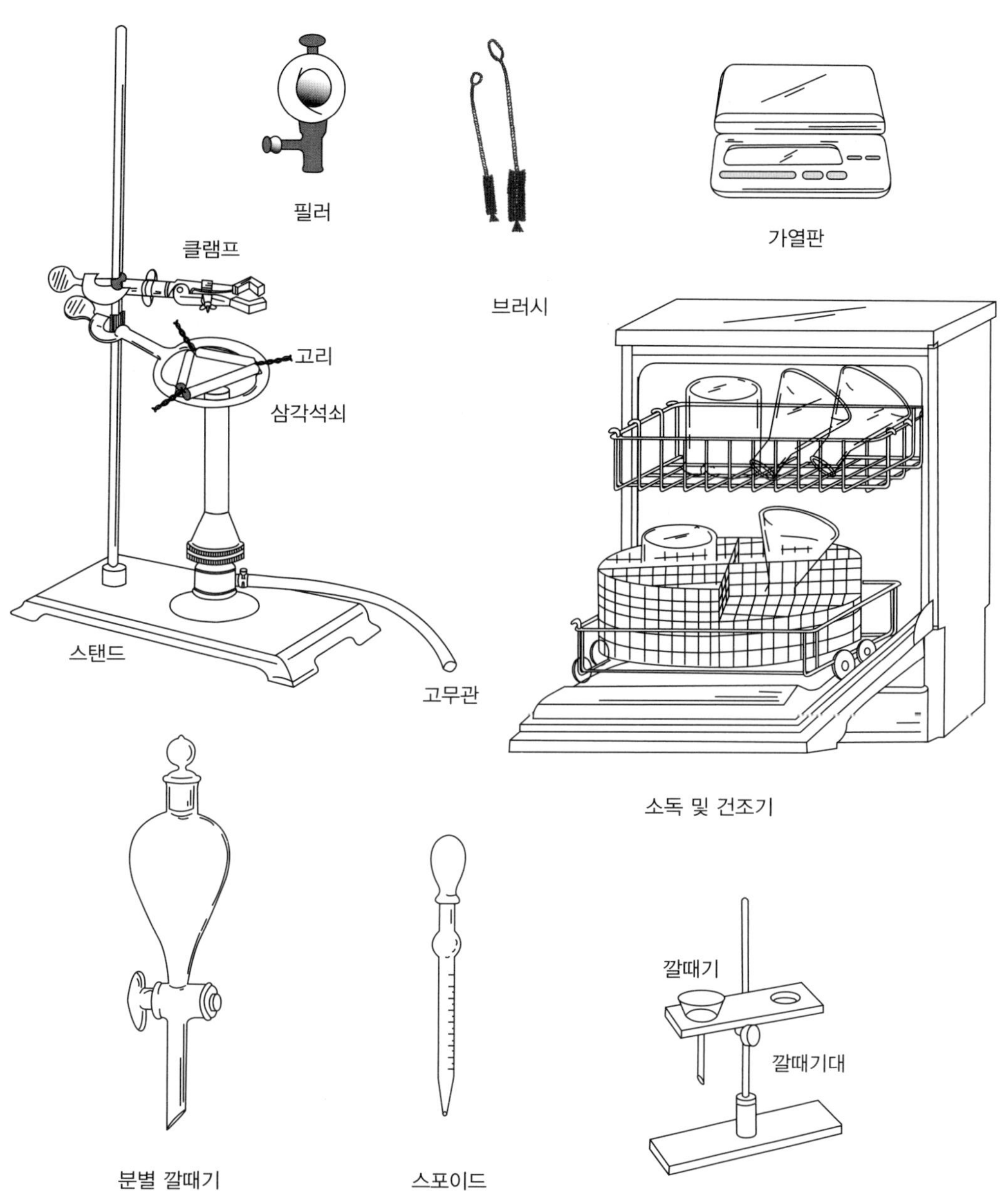

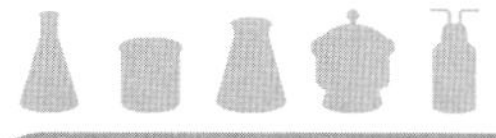

부록 **02**

기기 사용법

자외선 – 가시선 분광광도계 사용법

1 원 리

전자기 복사선의 스펙트럼은 파장 또는 에너지로 표시할 수 있으며, 그 범위는 대단히 넓다. 예를 들어 X-선의 광자(l < 10^{-8} cm) 에너지는 가열된 텅스텐에서 나오는 가시선(l < 10^{24} cm)의 에너지보다 약 10000배 정도 크다. 이러한 전자기 복사선의 흡수에 관한 연구에서 Beer는 단색광의 빛살 세기가 광로에 있는 흡수 물질의 양, 즉 농도에 비례하여 감소한다는 것을 알았다.

$$\log \frac{P_0}{P} = \varepsilon bc = \mathrm{A}$$

이것을 **Beer 법칙**이라고 하는데, 여기서 P_0는 입사광의 세기, P는 투과광의 세기, ε는 몰 흡광 계수(molar absorptivity), A는 **흡광도(absorbance)**, b는 흡광 물질 용액이 들어 있는 용기의 길이, c는 흡광 물질의 농도이다. 따라서 농도 c는 e와 b가 일정한 경우 직접 흡광도 A에 비례하게 된다.

그러나 이러한 흡광도와 농도 사이의 정비례 관계, 즉 Beer 법칙의 적용에는 몇 가지 한계가 있다. 우선 이러한 관계는 묽은 농도의 용액에서만 성립하고, 농도가 진해지면(10^{-2} M 이상인 경우) 흡수 화학종 사이의 평균 거리가 가까워져 서로 전자 분포 상태에 영향을 미치게 되어 일정한 파장의 빛살 흡수가 감소되는 등의 편차를 나타낸다. 또한 그밖에도 화학종의 해리, 회합, 또는 용매와의 반응에 의해 생길 수 있는 화학적 편차(chemical deviation)와, 엄격한 의미의 단색광을 사용할 수 없는 경우에 좁은 범위의 다색 복사선을 사용하게 되므로 생기는 기기적 편차(instrumental deviation)등이 있다. 후자의 경우 흡광도의 측정 파장을 흡수 스펙트럼의 극대점인 파장, 즉 최대 흡수 파장(lmax)을 선택하면 최소로 줄일 수 있다.

2 사용법

학생들이 화학실험에서 분광도계를 사용하여 용액의 흡광도를 측정할 때에는 일반적

memo

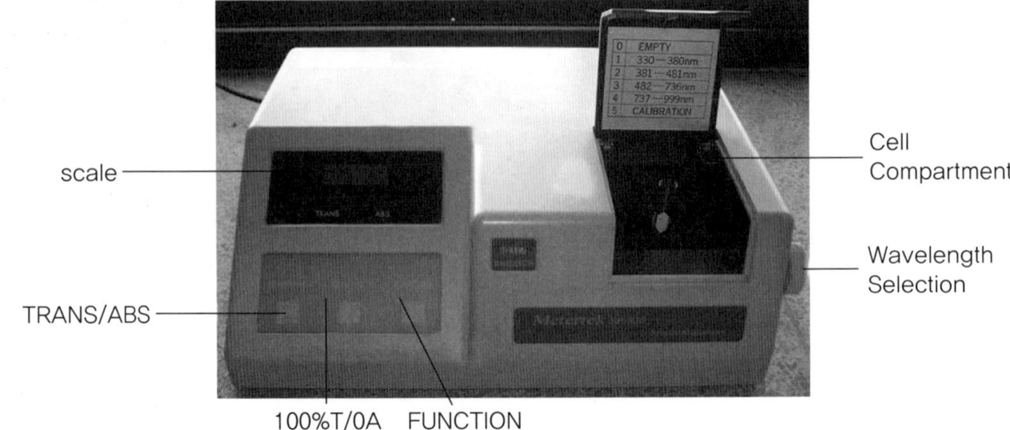

그림 2.1 • 간단한 가시선 분광계

으로 Spectrophotomer SP-8320 분광 광도계를 사용한다(그림 2.1). 분광 광도계를 사용하기 전에 반드시 기기 제조회사에서 발행하는 사용 지침서를 읽어 사용방법을 미리 익혀 두는 것이 편리하다. Spectrophotomer SP-8320은 흩빛살을 사용하는 기기이므로, 파장을 변경할 때마다 영점 흡광 조절을 수동으로 조작해 주어야 한다. 다음과 같은 순서로 측정한다.

3 조작 순서

(1) 먼저 전원을 켜고, 기기를 10~15분 예열 시킨다.
(2) 파장 조절 다이얼을 돌려서 원하는 파장 범위의 숫자에 고정 시킨다.
(3) 표준용액이 들어 있는 시료 용기를 시료대에 넣는다.
(4) 100%/0 A 버튼을 두번 눌러서 흡광도 0(투과도 100%)가 되도록 한다.
(5) 표준용액이 들어있는 흡광 용기를 꺼낸 후 시료 용액이 들어 있는 흡광 용기를 넣고 TANS/ARS 버튼을 두 번 눌러서 흡광도(ARS)를 측정한다.

안전 피펫 충전기 사용법

1 사용법

실험실에서는 흔히 수용액이나 용매를 피펫으로 정확히 취해서 실험에 사용하는 경우가 있다. 피펫을 이용하여 용액을 취할 때 입으로 빨면 대단히 위험하다. 이때에는 안전 피펫 충전기를 사용해야 한다(그림 2.2).

안전 피펫 충전기는 다음과 같은 순으로 사용한다.

memo

2 조작 순서

(1) 밸브 A를 엄지 손가락과 집게 손가락으로 누른 다음, 용액을 빨아들일 수 있도록 다른 손으로 큰 공을 꽉 쥐어 진공으로 만든다. 큰 공이 압축된 것을 확인한 후에 밸브 A를 풀어놓는다.

(2) 피펫 충전기에 피펫을 끼운다.

(3) 피펫을 액체가 들어 있는 용기에 넣은 다음, 밸브 S를 엄지 손가락과 집게 손가락으로 눌러서 용액을 원하는 양만큼 정확히 빨아올린다.

(4) 뽑아올린 용액을 다른 용기에 옮기려면 밸브 E를 누른다.

(5) 피펫에 남아 있는 마지막 한 방울을 빼내려면 밸브 E의 압력을 유지하면서 가운데 손가락으로 밸브 E의 입구를 막은 다음 작은 공을 누르면 된다.

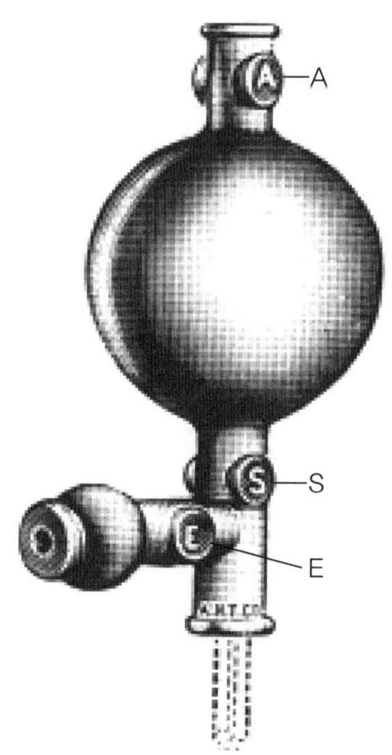

그림 2.2 ● 안전 피펫 충전기

부록 03

기본적인 실험 조작법

목 적

모든 실험은 빠른 시간 내에 정확한 결과를 얻는 데 그 목적이 있다. 그러나 사소한 실수로 인해 거의 완성된 실험을 그르치거나, 기본적인 실험 조작의 실수로 인해 실험기구를 파손하거나, 불순물이 들어가 예상 밖의 많은 시간을 허비하고도 좋은 결과를 얻지 못하는 경우가 많다. 따라서 실험에 필요한 몇 가지의 기본적인 실험 조작에 대해서 알아둘 필요가 있다.

원 리

1 기구의 취급

실험용 기구의 명칭과 용도를 기억해 둘 필요가 있으며, 이것은 올바른 실험을 하기 위한 선행 조건이 된다. 기구의 취급 방법에서 유의해야 할 점은 다음과 같다.

1. 금속제 기구와 유리기구 연결시 취급 방법

클램프와 링 등의 금속제 기구를 유리기구에 연결할 경우에는 반드시 두꺼운 헝겊으

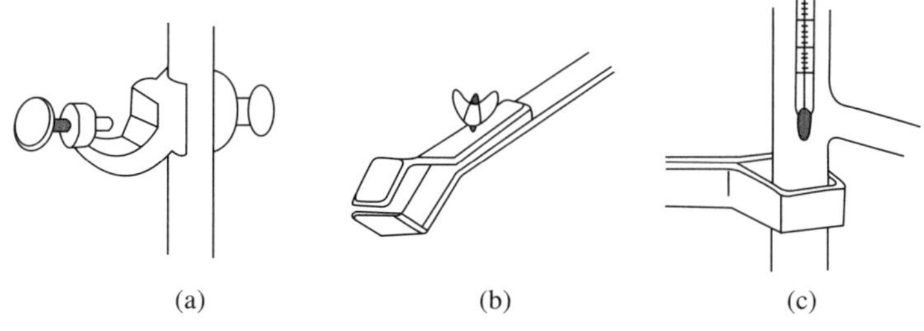

그림 3.1 • 클램프 잡이

memo

로 감싸 유리기구의 파손을 방지해야 한다. 또한 클램프 잡이는 그림 3.1(a)와 같이 위를 향하도록 사용하고, 클램프는 위에서 나사를 잠그도록 그림 3.1(b)와 같이 장치해야 하며, 가지달린 플라스크 등을 사용할 때에는 그림 3.1(c)와 같이 가지달린 아랫부분에 장치해야 한다.

2. 유리기구의 취급 방법

실험에 사용하는 유리기구는 불순물이 없도록 깨끗이 세척하는 것이 실험의 시작이다. 유리기구의 세척에는 기구 표면에 상처가 생기지 않도록 털이 많은 솔을 사용하되, 시험관이나 비이커 등과 같이 눈금이 없는 유리기구들은 비누 또는 중성세제 등을 사용하여 솔로 닦은 다음 수돗물, 증류수의 순으로 세척한다.

이와 같은 방법으로 불순물이 세척되지 않을 때에는 회수한 유기 용매나 진한 알칼리용액으로 세척하면 된다. 피펫, 뷰렛, 눈금실린더 등과 같이 눈금이 있는 유리기구는 클리닝 용액에 하룻동안 담그어 부착되었던 불순물을 제거한 다음 수돗물, 증류수의 순으로 세척한다. 또한 분별 깔때기, 뷰렛 등과 같이 코크(cock)가 부착된 것은 사용한 후에 물로 씻고, 반드시 서로 맞물리는 부분에 그리스 등과 같은 윤활제를 소량 바른 다음에 사용해야 한다. 또한 마개는 잃어버리기 쉽기 때문에 사용할 때에는 실이나 고무줄 등으로 묶어두는 것이 좋다. 그리고 피펫, 뷰렛, 눈금실린더 등과 같은 눈금이 있는 유리기구는 가열 · 건조하는 일은 반드시 피하고, 충분히 세척한 뒤 증류수로 씻은 후 휘발성이 큰 용매인 알코올 또는 에테르 등으로 헹군 뒤 헤어드라이어로 말린다.

3. 코르크 및 고무마개의 취급 방법

먼저 코르크와 고무마개의 사용상의 구별을 명확히 해두어야 한다. 일반적으로 유기용매에 접촉하는 경우에는 고무마개를 사용하지 않아야 한다. 코르크 고무마개는 절반 이상이 밖으로 나와 있을 정도의 크기를 선택하고, 구멍을 뚫을 때에는 사용할 유리관 또는 온도계보다 약간 가는 정도의 코르크 보오러를 사용한다. 이때 마개의 중앙에 보오러의 위치를 대충 정한 다음, 수직으로 가볍게 눌러 절반 정도 뚫은 후에 반대방향에서 동일한 방법으로 구멍을 뚫어 처음의 구멍과 만나도록 한다. 이렇게 해서 구멍을 뚫은 후, 줄을 이용하여 구멍의 중앙면을 매끄럽게 하는 것이 좋다. 코르크 마개의 경우에는 사용하기 전에 마개를 종이에 싸서 발뒤꿈치로 몇 차례 밟아 압박한 후에 사용하는 것이 좋다. 또한 코르크 보오러에 남은 찌꺼기는 그것보다 가는 보오러로 눌러서 빼내어 다음에 사용하는 사람이 불편하지 않도록 해두어야 한다. 구멍이 뚫린 고무마개나 코르크 마개에 유리관을 꽂을 때 무리한 힘을 가하면 유리관이 깨져 상처를 입기 쉬우므로, 고무마개를 잡은 손과 유리관을 잡은 손을 가능한 한 가까이 하고, 유리관을 물로 적신 뒤에 넣으면 쉽게 꽂을 수 있다.

memo

2 시약류의 취급

위험한 시약에 대해서는 취급 방법 또는 저장 방법을 잘 알아두어야 하며, 일반 시약에 대해서도 다음과 같은 몇 가지 사항을 유의해 두어야 한다.

1. 시약류를 처음 열 때에는 신중해야 한다.

구입한 시약병의 마개가 코르크 마개나 고무마개인 경우에는 쉽게 열 수 있지만 찌꺼기가 시약병에 들어가지 않도록 주의해야 한다. 진한 황산, 발연 질산 등은 유리 위가 파라핀등으로 봉해져 있기 때문에 먼저 이것을 깨끗이 제거한 후에 뚜껑을 열면 되지만, 취급이 힘들 때에는 뚜껑을 헝겊으로 싼 뒤 나무막대로 가볍게 두드리면 쉽게 열 수 있다. 앰플에 들어 있는 시약은 대부분 휘발성이기 때문에 압력이 있을 때도 있으므로, 폭발에 대해서 특히 주의할 필요가 있다.

2. 시약을 취할 때에는 정확히, 또한 청결하게 행해야 한다.

고체 시약의 경우에는 약주걱의 선택에 주의해야 한다. 액체 시약의 경우는 라벨에 기재되어 있는 이름 외에 비중, 무게 백분율 등도 기재해 두는 것이 중요한다. 병을 기울여 시료를 덜어낼 때에는 반드시 라벨이 위로 향하도록 하여 라벨의 훼손을 방지한다.

3. 시약 취급 후 처리가 가장 중요하다.

조해성 시약 또는 공기에 접하면 변질되는 시약 등은 마개를 한 위에 파라핀 등으로 봉해두는 것이 필요하다. 액체의 경우는 앰플로 봉해두면 오래 보존할 수 있다.

4. 시약은 신중히 사용해야 한다.

자신이 시약을 합성하였을 경우, 이것을 일반적인 유리병에 넣을 것인가, 갈색병에 넣을 것인가, 또한 마개는 고무마개, 코르크 마개, 유리마개 중 어느 것이 좋을 것인가는 그 시약의 화학적 성질을 고려하여 결정한다. 라벨은 먹이나 검은색 매직 잉크로 써서 붙이고, 시료명, 농도, 및 제조 날짜를 쓴 뒤 그 위에 투명한 셀로판 테이프를 붙인다. 잉크로 쓰면 시약의 증기에 의해 표백될 수 있기 때문에 가능한 한 피하는 것이 좋다. 시약병 속에 피펫 외에 다른 물건은 직접 넣지 않도록 하며, 필요한 만큼을 시험관 또는 다른 기구에 부어서 취한 다음 그 속에 피펫 등을 넣어서 시약을 취하도록 한다. 사용하고 남은 시약은 가급적 시약병에 넣지 않고 버린다.

3 가열

가열은 실험실에서의 가장 기본적인 조작 중의 하나이다. 열원으로는 알코올 램프, 가스버너, 물중탕, 가열 망태기 등이 주로 사용되며, 가열 방법에 따라 직접 가열, 간접 가열, 가압하에서의 가열법 등이 있으나, 여기서는 일반적인 방법만을 소개한다.

memo

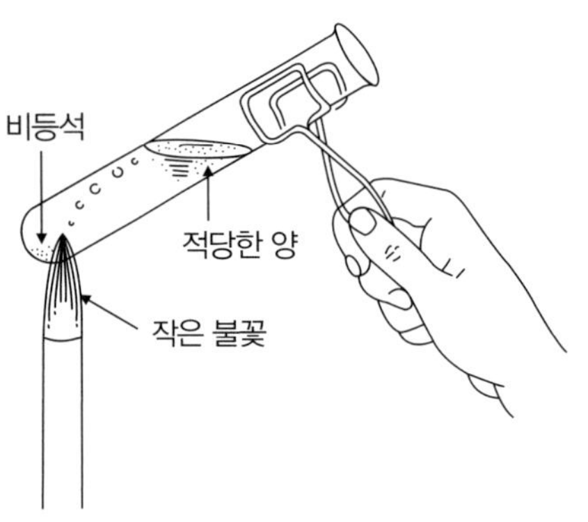

그림 3.2 • 직접 가열 방법

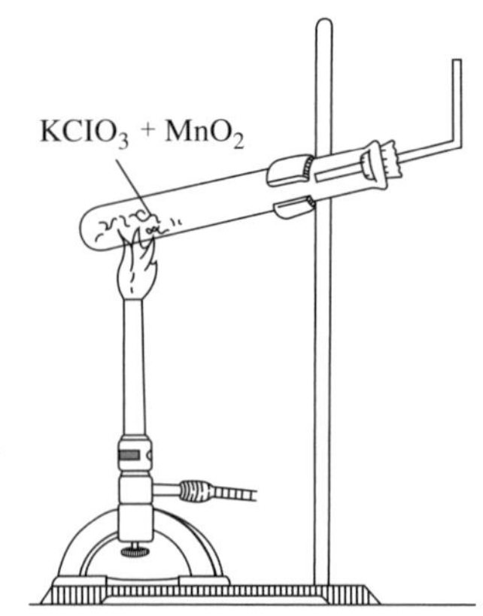

그림 3.3 • 알코올 램프를 이용한 가열 방법

가열하고자 하는 물체의 종류와 가열하는 장치에 따라 약간의 차이가 있지만, 액체를 가열할 때 용기에 너무 많은 액체가 들어 있으면 가열로 인해 부피 팽창이 일어나 액체가 밖으로 튀어나오거나 폭발하는 수가 있으므로 액체를 시험관 부피의 1/5 이상 넣어서는 안 된다.

가열 방법은 그림 3.2와 같이 시험관 집게로 시험관의 윗부분을 잡은 다음 시험관을 약간 기울여 약한 불꽃에서부터 서서히 가열한다. 가열하는 도중에 시험관 내부를 들여다 보거나 냄새를 맡는 일은 하지 않는 것이 좋다. 그리고 분젠 버너로 가열할 때에는 가스와 산소의 양을 조절하여 불꽃이 너무 강하지 않도록 해야 하며, 알코올 램프로 가열할 때에는 불꽃의 조절이 잘 안되므로 강하게 가열하려면 그림 3.3과 같이 시험관을 불꽃의 윗부분에 두어 불꽃으로 둘러싸 주고, 약하게 가열하려면 시험관을 불꽃 끝에 둔다. 고체를 가열할 때에는 약한 불꽃으로 시험관 전체를 골고루 가열한 다음, 목적하는 곳을 집중적으로 가열한다. 특히 이 경우 반응으로 생긴 수증기가 응

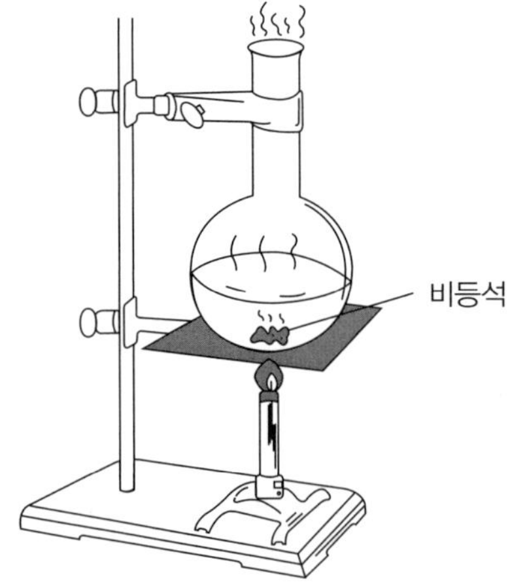

그림 3.4 • 둥근바닥 플라스크를 이용한 가열

그림 3.5 • 물중탕

memo

축되어 물방울이 생기고, 이것이 시험관의 뜨거운 부분에 흘러내리면 시험관이 깨진다. 이때에는 그림 3.3과 같이 시험관을 옆으로 기울여 입구를 약간 아래로 하여 고체를 넓게 펼쳐 놓고 가열하면 된다.

비이커나 플라스크는 시험관보다 열에 약하므로 너무 강하게 가열해서는 안 된다. 플라스크 중에도 둥근바닥 플라스크는 열에 다소 강하므로, 높은 온도로 가열할 때에는 둥근바닥 플라스크를 그림 3.4와 같이 쇠그물 위에 올려 놓고 가열한다. 이때 돌비 현상을 막기 위해 깨끗한 사기 조각이나, 한쪽을 막은 모세관 등을 비등석으로 넣어준다. 가연성 물질을 가열할 때에는 그림 3.5와 같은 물중탕을 사용하면 안전하고 편리한다.

4 증 발

용액을 가열하여 용매를 날려보냄으로써 농축시키는 과정을 증발(evaporation)이라고 한다. 증발은 사기제 증발접시, 비이커, 플라스크, 석영 또는 백금접시 등에 용액을

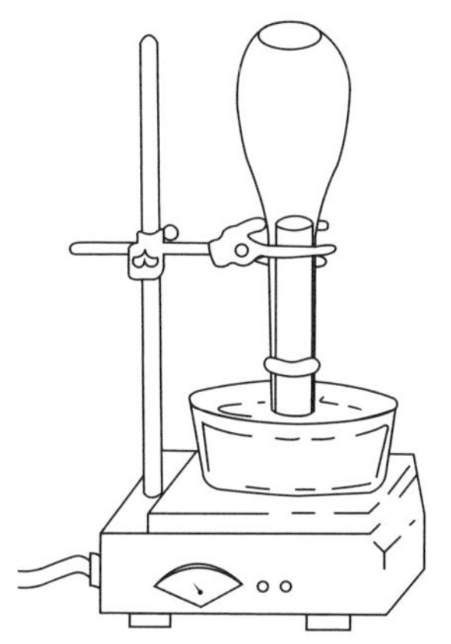

그림 3.6 • 많은 양의 용액을 증발시키기 위해 사용하는 장치

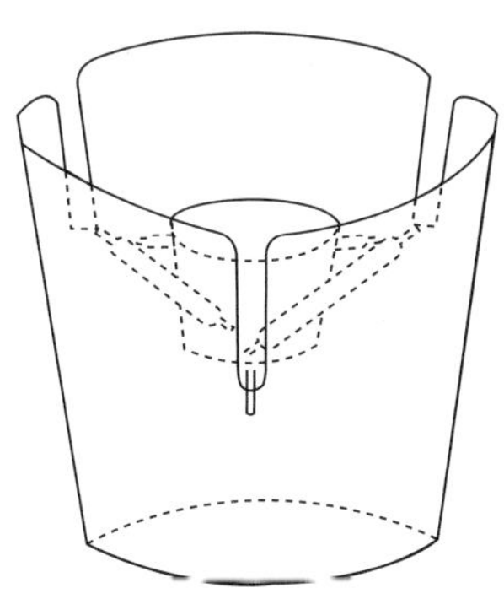

그림 3.7 • 방열기

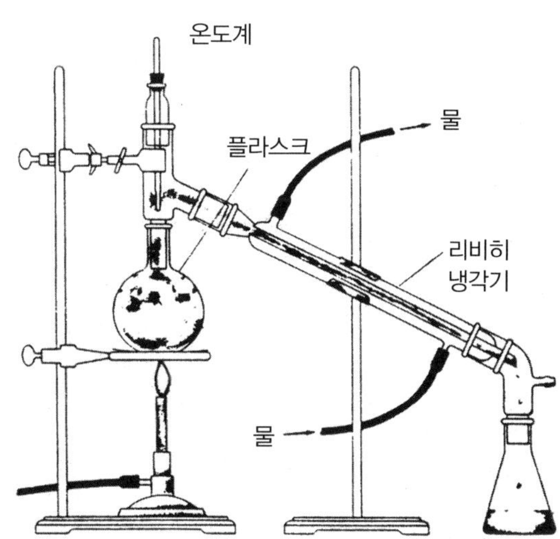

그림 3.8 • 증류장치

memo

넣은 다음 물중탕, 수증기중탕, 모래중탕, 저온열판, 방열기(radiator)등에 올려 놓고 온도를 적당히 조절함으로써 갑자기 끓지 않도록 해야 한다. 그림 3.6과 같은 장치는 많은 양의 용액을 증발시킬 때 사용하며, 그림 3.7과 같은 방열기는 버너로 도가니를 강열할 때 니켈 도가니에 들어 있는 액체를 끓이지 않고 빠르게 증발시키는 기구이다.

5 증 류

끓는점 차이를 이용하여 두 물질을 분리하는 조작을 증류(distillation)라고 한다. 증류 장치는 그림 3.8과 같다.

가지달린 둥근 바닥 플라스크를 사용하여 열의 전달이 용이하도록 하고, 비등석을 넣어 돌비 현상을 막아준다. 이때 사용하는 플라스크는 증류 물질에 따라 알맞게 선택해야 한다. 즉 저온 물질의 증류에는 목이 긴 것을 , 고온 물질의 증류에는 목이 짧은 것을 선택해야 하며, 클라이젠 플라스크는 감압 증류에 주로 사용된다. 이 밖에도 질산염을 분배하여 암모니아를 증류, 제조할 때에는 키엘달(kjeldahl) 플라스크를 사용한다(그림 3.9).

흔히 실험실에서 이용되는 냉각기는 그림 3.10과 같은 것이다. 냉각기의 선택

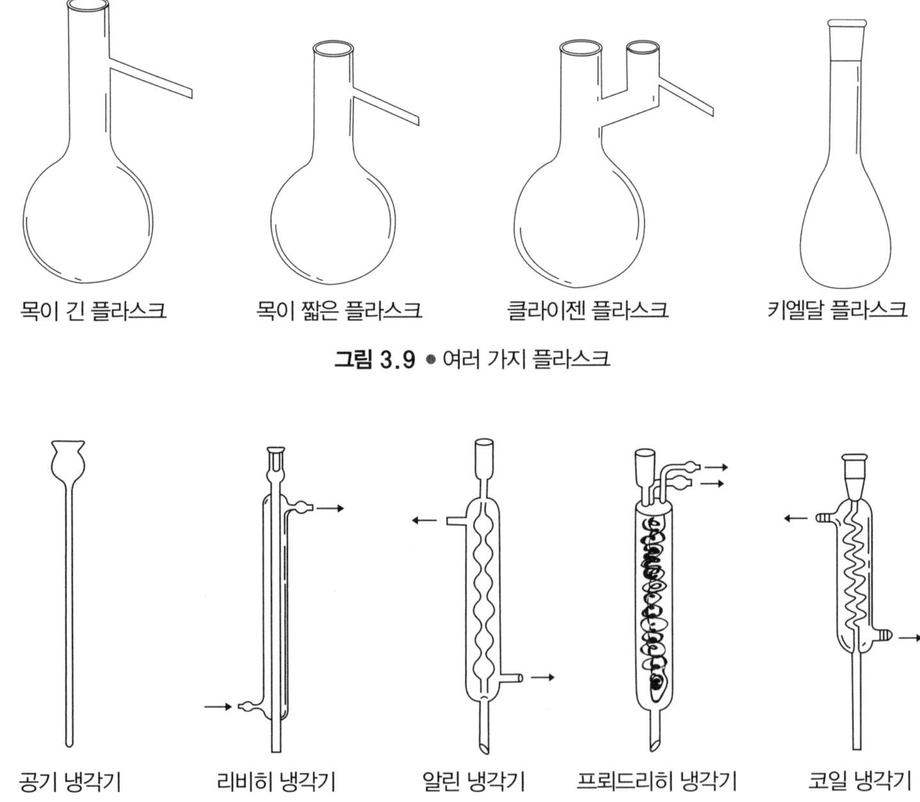

그림 3.9 • 여러 가지 플라스크

그림 3.10 • 여러 가지 냉각기

memo

은 상온 이상에서 100°C 까지의 끓는점을 갖는 액체를 증류할 경우에는 리비히, 알린, 프리드리히, 또는 코일 냉각기를 흔히 사용한다. 또한 100~150°C 정도의 끓는점을 갖는 액체는 동일한 냉각기를 사용하여 냉각수를 천천히 통과시키는 것이 좋으며, 150°C 이상의 높은 끓는점을 갖는 액체는 공기 냉각기를 주로 사용한다.

냉각수의 통과 방법은 그림 3.10의 화살표 방향으로 아래쪽 입구에서 들어가 위쪽 입구로 나오도록 하고, 프리드리히 냉각기는 위에서 아래로 돌면서 냉각수를 통과시키면 된다.

냉각수의 속도는 낮은 끓는점의 물질일 경우에는 빠르게, 높은 끓는점의 물질일 경우에는 느리게 하는 등 액체의 종류와 물질의 끓는점의 차이에 따라 속도를 조절하는 방법이 좋다. 냉각기 사용시 일반적으로 주의해야 할 점은 다음과 같다.

첫째, 사용 전에 냉각수를 흘려서 내관의 손상 유무를 조사한 후에 사용해야 한다.

둘째, 공기 냉각기 또는 리비히 냉각기의 내관을 사용할 때 클램프로 직접 고정하면 관 내의 뜨거운 증기가 통과하여 그 부분이 급냉되어 파손되므로, 코르크 마개 등으로 간접적인 지지를 하도록 해야 한다.

일반적으로 일정한 온도를 유지하기 위해 끓는점이 80°C 이하인 액체의 증류에는 물중탕(water bath)을 이용하고, 끓는점이 80~150°C일 때에는 기름중탕(oil bath)을 이용하며, 이 밖에도 필요에 따라 가열 망태기(heating mantle) 또는 모래중탕(sand bath)을 이용하기도 한다. 이때 주의할 점은 증류하려는 액체는 플라스크 부피의 1/3~1/2 정도 넣고, 온도계의 위치는 플라스크의 가지 입구가 좋다.

증류의 초기에는 휘발성인 불순물이 증류되므로 처음에 증류되어 나오는 증류액은 버리는 것이 좋으며, 증류 마지막에는 끓는점이 높은 불순물이 증류되므로 플라스크에 용액이 약간 남아 있을 때 증류를 멈춘다. 또한 끓는점이 높은 물질이나 유기 화합물을 증류할 때에는 플라스크 내의 압력을 낮추어 낮은 끓는점에서 증류하는 것이 좋다. 간단한 감압 증류 장치는 그림 3.11과 같다.

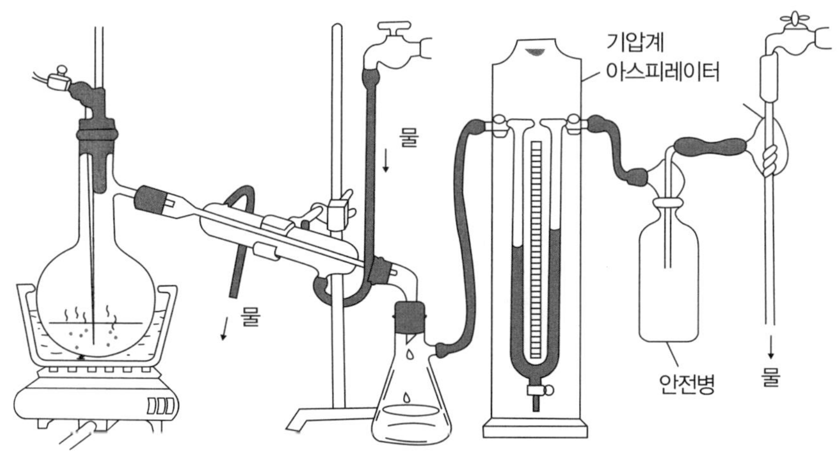

그림 3.11 • 감압 증류 장치

memo

이때에는 비등석 대신에 모세관을 사용하여 기포를 용액 속으로 보내주고, 모세관 윗부분에 고무관과 핀치콕크를 달아 들어가는 공기의 양을 조절한다. 증류를 멈출 때 주의할 점은 먼저 가열 장치를 제거하고, 모세관 윗부분의 핀치콕크를 연 다음 기압계의 콕크를 조심스럽게 연다. 그런 다음 안전병과 다른 장치의 연결 고무관을 떼어내고 감압 장치를 끄도록 하여 압력차에 의한 역류 현상을 방지해야 한다.

물과 섞이지 않는 액체를 저온에서 증류하려고 할 때에는 그림 3.12와 같은 수증기증류 장치를 사용한다. 이 방법은 증류하려는 액체 속으로 수증기를 통해주는 것으로, 이렇게 하면 액체가 수증기중으로 증발하여 수증기와 함께 유출되어 나오므로, 이것을 식혀서 모은다. 이렇게 모은 혼합액을 그림 3.13과 같은 분별 깔때기에 넣어 원하는 액체만 얻는다.

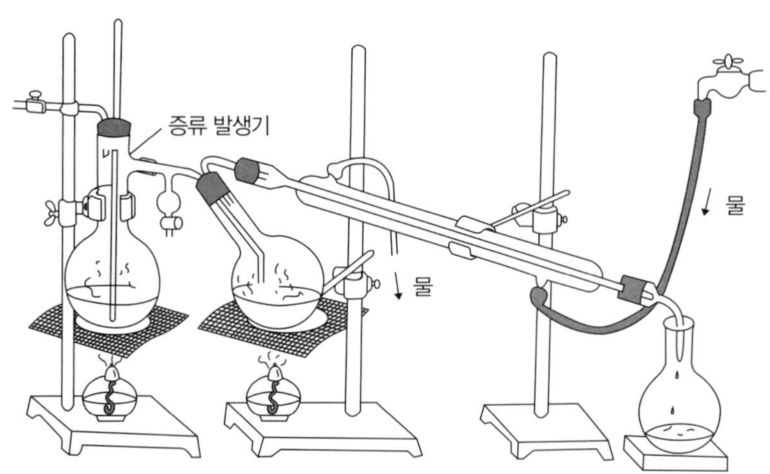

그림 3.12 • 수증기 증류 장치

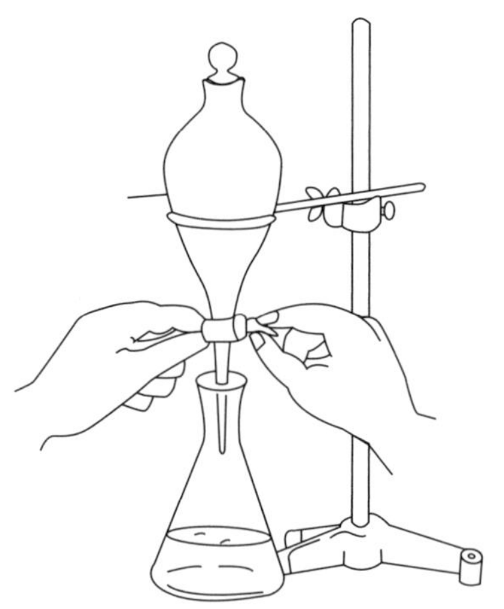

그림 3.13 • 분별 깔때기

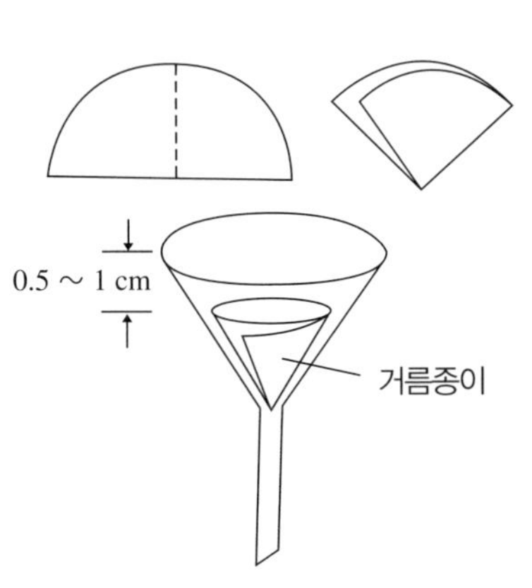

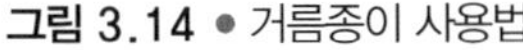

그림 3.14 • 거름종이 사용법

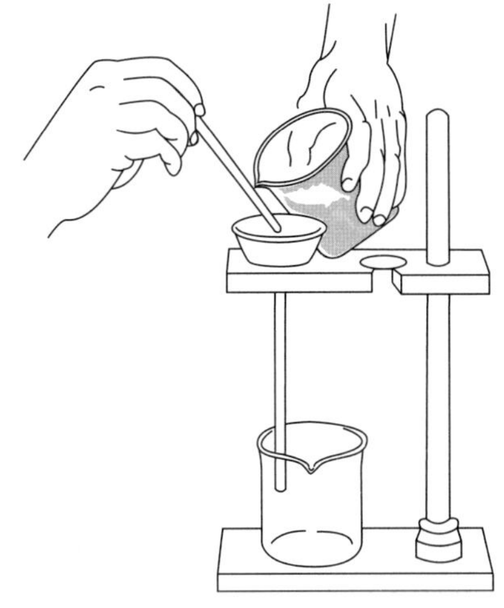

그림 3.15 • 침전의 분리

6 여 과

실험 목적, 여과 시간, 침전의 크기와 성질 등에 따라 여과하는 데 사용되는 여과지(filter paper)를 적당히 선택해야 한다.

거름종이에는 태웠을 때 회분의 양이 많고 무게도 일정하지 않은 정성용 거름종이와, 회분의 양이 0.3 mg보다 적고 평균량이 일정한 정량용 거름종이가 있다.

거름종이는 그림 3.14와 같이 두 번 접어서 한쪽 끝을 3 mm 정도 찢어낸 다음에 깔때기 위에 얹어 증류수로 적셔서 깔때기에 밀착시켜야 한다. 침전과 모액(mother liquor)이 들어 있는 비이커는 그림 3.15와 같이 많은 침전이 비이커에 남도록 하여 모액을 분리한다. 비이커에 남아 있는 침전은 세척액으로 여러 번 씻어 여과지에 옮긴다. 비이커 벽에 붙어 있는 침전은 끝에 고무가 달린 유리막대(policeman)로 긁어모아 세척액으로 여과지에 옮긴다. 이때 주의할 점은 침전이 여과지 높이의 절반 이하가 되도록 거름종이의 크기를 선택하고, 여과지의 위쪽 끝이 깔때기의 위쪽 끝보다 0.5~1 cm 정도 낮아야 한다.

뜨거운 용액은 그 점도가 찬 물보다 상당히 낮으므로, 여과 속도가 빠르다. 그러나 뜨거운 용액에서도 침전의 용해도가 크므로, $Fe(OH)_3$와 같은 난용성 침전은 뜨거운 용액에서 거를 수 있지만, 온도가 높아짐에 따라 용해도가 급격히 커지는 $NH_4MgPO_4 \cdot 6\,H_2O$와 같은 침전은 냉각시켜 걸러야 한다.

일반적인 여과로 거르기 어려운 경우, 또는 많은 용액을 단시간 내에 거르고자 하는 경우에는 그림 3.16과 같은 흡입 여과를 이용한다.

그림 3.17과 같은 공기중탕은 불꽃으로 바깥 도가니를 가열하면 시료나 침전이 들어 있는 안쪽의 사기제 도가니가 뜨거운 공기로 데워지므로, 휘발 성분을 천천히 휘발시키는 데 이용할 수 있다.

memo

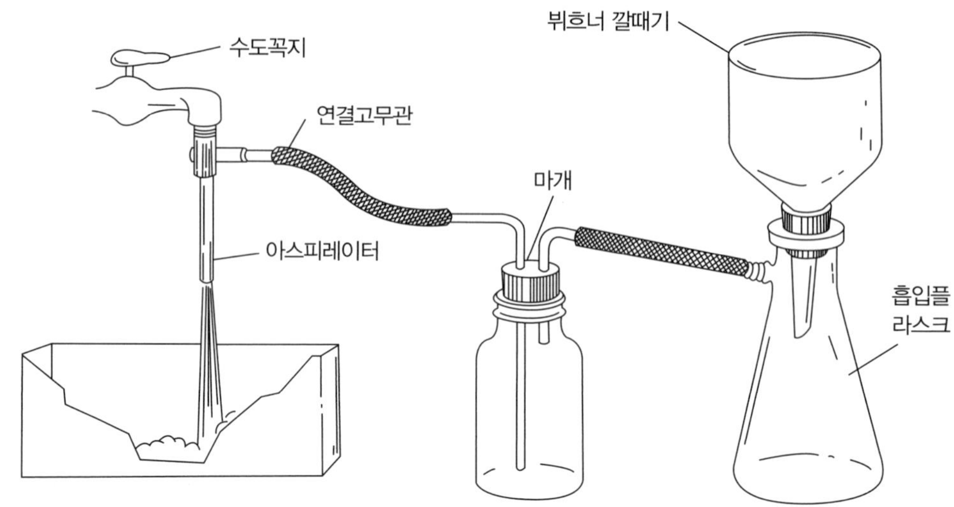

그림 3.16 • 흡입 여과 장치

건조제	공기 1L당 잔류 수분의 양(mg)	건조제	공기 1L당 잔쥬 수분의 양(mg)
$CuSO_4$	2.8	Al_2O_3	5×10^{-3}
$CaCl_2 \cdot H_2O$	1.5	CaO	3×10^{-3}
NaOH	0.80	$Mg(ClO_2)$	2×10^{-3}
95%H_2SO_4	0.3	BaO	7×10^{-4}
KOH	1.4×10^{-2}	P_2O_5	2×10^{-5}
$ZnCl_2$	0.98	실리카겔	3×10^{-2}

침전이나 시료의 수분을 제거하거나 건조한 상태로 보관하고자 할 때, 또는 건조하거나 가열시킨 물질을 수분을 흡수시키지 않으면서 실온으로 냉각시킬 때 그림 3.18과 같은 데시케이터(desicator)를 이용하면 편리한다. 이때 감압으로 인해 거름종이가 찢어질 염려가 있으므로, 뷔흐너 깔때기를 사용하거나 깨끗한 헝겊을 거름종이 뒷면에 겹쳐서 함께 접어 사용할 수 있다.

그림 3.17 • 공기중탕 장치

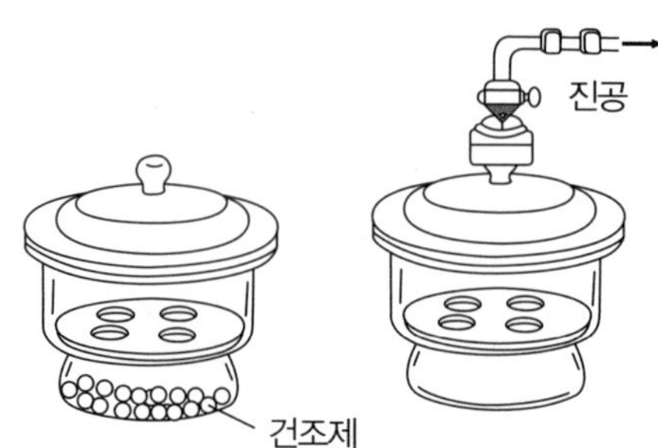

그림 3.18 • 데시케이터

memo

건조시킬 기체	건조제
수소, 산소, 염소, 이산화황, 이산화탄소, 염소수소	염화칼슘, 진한 황산
에테르, 메탄올	산화칼슘
에테르, 탄화수소	염화칼슘
아민류	수산화나트륨
에스테르, 아세톤 클로로폼	탄산칼슘

7 건 조

건조 기구로는 가열 장치와, 일반적으로 실온에서 수분을 제거하는 데 사용하는 데시케이터 등이 있다. 가열 건조 장치로는 60~200°C로 건조시킬 때 사용하는 항온 건조기(electric constant temperature drying oven)를 많이 이용한다. 고온에서 분해되기 쉬운 물질을 건조시킬 때에는 진공 건조기(vacuum drying oven)을 이용하면 편리한다. 눈금이 있는 유리기구를 건조시킬 때에는 100~150°C 이상으로 온도를 올리면 안 된다.

데시케이터 아랫부분에 넣는 건조제로는 건조시키고자 하는 시료에 따라 적당한 것을 선택할 수 있다. 이때 주의할 점은 건조시키는 물질과 화학반응을 일으키는 건조제를 사용해서는 안 된다는 것이다. 일반적으로 산성 물질을 건조시킬 때에는 산성 건조제를, 염기성 물질을 건조시킬 때에는 염기성 건조제를 사용한다. 흔히 중성 건조제인 염화칼슘을 많이 사용한다. 수분의 흡수 정도를 색깔로서 쉽게 식별할 수 있으며, 반응성이 작고, 다시 사용하기 쉬운 실리카겔도 많이 사용한다. 건조 정도에 정밀을 요할 때에는 진한 황산이나 오산화인을 사용한다. 여러 가지 건조제를 표 3.1에 나타내었다.

기체를 건조시킬 때에는 건조제의 종류에 따라 차이가 있지만, 일반적으로 그림 3.19와 같은 여러 가지 관을 사용하여 적당한 건조제로 채운 다음, 양 끝을 탈지면이나 유리솜(glass wool)으로 막은 후 기체를 관 속으로 통과시킨다.

통과하는 기체의 종류에 따라 관 속을 채우는 건조제 중 널리 사용되는 몇 가지를 표 3.2에 나타내었다.

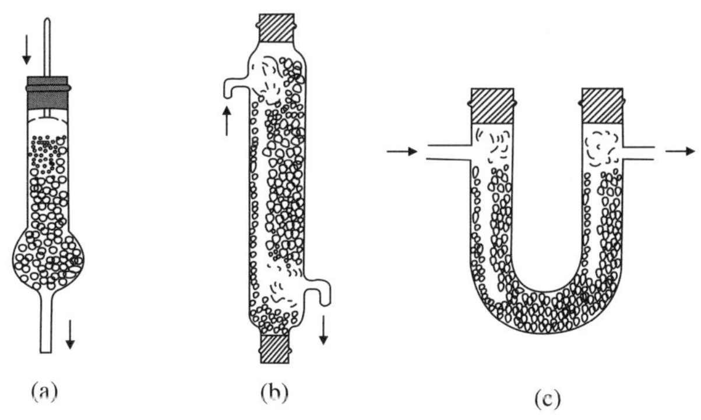

그림 3.19 • 건조제로 채운 여러가지 관

부록 04

산, 염기 및 난용성 염의 평형 상수

1 산의 이온화 상수

이 름	반 응	K_a
Acetic	$HC_2H_3O_2 \rightleftharpoons H^+ + C_2H_3O_2^-$	1.75×10^{-5}
Arsenic	$H_3AsO_4 \rightleftharpoons H^+ + H_2AsO_4^-$	6.5×10^{-3}
K_{a1}		
K_{a2}	$H_2AsO_4^- \rightleftharpoons H^+ + HAsO_4^{2-}$	$1.3 - 10^{-7}$
K_{a3}	$H_2AsO_4^{2-} \rightleftharpoons H^+ + HAsO_4^{3-}$	$3.2 - 10^{-12}$
Boric	$HBO_2 \cdot H_2O(H_3BO_3) \rightleftharpoons H^+ + BO^{2-} \cdot H_2O$	5.9×10^{-10}
Carbonic		
K_{a1}	$H_2CO_3 \rightleftharpoons H^+ + +HCO^{3-}$	4.5×10^{-7}
K_{a2}	$HCO^{3-} \rightleftharpoons H^+ + +CO_3^{2-}$	4.7×10^{-11}
Formic	$HCOOH \rightleftharpoons H^+ + HCOO_2$	1.7×10^{-4}
Hydrocyanic	$HCN \rightleftharpoons H^+ + CN^-$	5.0×10^{-10}
Hydrofluoric	$HF \rightleftharpoons H^+ + F^-$	6.7×10^{-4}
Hydrogen peroxide	$H_2O_2 \rightleftharpoons H^+ + HO^{2-}$	1.8×10^{-12}
Hydrosulfuric		
(hydrogen sulfide)		
K_{a1}	$H_2S \rightleftharpoons H^+ + HS^-$	1.0×10^{-7}
K_{a2}	$HS_2 \rightleftharpoons H^+ + S^{2-}$	1.0×10^{-14}
Hypochlorous	$HOCl \rightleftharpoons H^+ + OCl^-$	3.0×10^{-8}

memo

이름	반응	K_a
Hydrodulfuric		
(hydrogen sulfide)		
K_{a1}	$H_2S \rightleftharpoons H^+ + HS^-$	1.0×10^{-7}
K_{a2}	$HS^- \rightleftharpoons H^+ + S_2^-$	1.0×10^{-14}
Hydrodulfuric	$HOCl \rightleftharpoons H^+ + OCl^-$	3.0×10^{-8}
Maleic		
K_{a1}	$C_2H_2(COOH)_2 \rightleftharpoons H^+ + (COOH)C_2H_2COO^-$	1.2×10^{-2}
K_{a2}	$(COOH)C_2H_2COO^- \rightleftharpoons H^+ + C_2H_2(COO)_2^{2-}$	6.0×10^{-7}
Nitrous	$HNO_2 \rightleftharpoons H^+ + NO_2^-$	5.1×10^{-4}
Oxalic		
K_{a1}	$H_2C_2O_4 \rightleftharpoons H^+ + HC_2O_4^-$	6.5×10^{-2}
K_{a2}	$HC_2O_4^- \rightleftharpoons H^+ + C_2O_4^{2-}$	6.1×10^{-5}
Phenol	$C_6H_5OH \rightleftharpoons H^+ + C_6H_5O^-$	1.1×10^{-10}
Phosphoric		
K_{a1}	$H_3PO_4 \rightleftharpoons H^+ + H_2PO_4^-$	7.1×10^{-3}
K_{a2}	$H_2PO_4^- \rightleftharpoons H^+ + HPO_4^{2-}$	6.3×10^{-8}
K_{a3}	$HPO_4^{2-} \rightleftharpoons H^+ + PO_4^{3-}$ 4.3×10^{-12}	
Phosphorous		
K_{a1}	$H_2PHO_3 \rightleftharpoons H^+ + HPHO_3^-$	1×10^{-2}
K_{a2}	$HPHO_3^- \rightleftharpoons H^+ + PHO_3^{2-}$	2.6×10^{-7}
Sulfuric		
K_{a1}	$H_2SO_4 \rightleftharpoons H^+ + HSO_4^-$	> 10
K_{a2}	$HSO_4^- \rightleftharpoons H^+ + SO_4^{2-}$	1.02×10^{-2}
Sulfurous		
K_{a1}	$H_2SO_3 \rightleftharpoons H^+ + HSO_3^-$	1.7×10^{-2}
K_{a1}	$HSO_3^- \rightleftharpoons H^+ + SO_3^{2-}$	6.4×10^{-3}

memo

1 염기의 이온화 상수

이름	반응	K_a
Ammonia	$NH_3 + H_2O \rightleftharpoons NH_4^+ + OH^-$	1.80×10^{-5}
Aniline	$C_6H_5NH_2 + H_2O \rightleftharpoons C_6H_5NH_3^+ + OH^-$	4.0×10^{-10}
Hydrazine	$N_2H_4 + H_2O \rightleftharpoons N_2H_5^+ + OH^-$	1.0×10^{-6}
Hydroxylamine	$NH_2OH + H_2O \rightleftharpoons NH_3OH^+ + OH^-$	1.07×10^{-8}
Pyridine	$C_5H_5N + H_2O \rightleftharpoons C_5H_5NH^+ + OH^-$	1.5×10^{-9}

1 용해도곱 상수(K_{sp})

화합물	K_{sp}	화합물	K_{sp}
AgBr	4.9×10^{-13}	CuI	1.1×10^{-12}
AgCN	1.6×10^{-14}	CuS	4×10^{-36}
Ag_2CO_3	9.5×10^{-12}	$Fe(OH)_3$	4×10^{-38}
AgCl	1.8×10^{-10}	$HgBr_2$	5.8×10^{-23}
Ag_2CrO_4	1.1×10^{-12}	Hg_2Cl_2	1.3×10^{-18}
AgI	8.3×10^{-17}	Hg_2I_2	4.5×10^{-29}
$AgIO_3$	3.0×10^{-3}	HgS	1×10^{-53}
$AgOH(Ag_2O)$	2.6×10^{-8}	$MgCo_3$	3.5×10^{-28}
AgSCN	1.0×10^{-12}	$Mg(OH)_2$	1.2×10^{-11}
Ag_2SO_4	1.6×10^{-25}	MgC_2O_4	4.2×10^{-5}
$Al(OH)_3$	3.5×10^{-33}	$MgNH_4PO_4$	3×10^{-12}
$BaCO_3$	5.1×10^{-9}	MnS	6.3×10^{-13}
$BaCrO_4$	1.2×10^{-10}	$Ni(OH)_2$	2.0×10^{-16}
BaF_2	1.0×10^{-6}	NiS	2×10^{-21}
BaS_2O_3	1.6×10^{-5}	$PbBr_2$	3.9×10^{-5}
$BaSO_4$	1.3×10^{-10}	$PbCl_2$	1.6×10^{-5}

memo

화합물	K_{sp}	화합물	K_{sp}
$CaCO_3$	4.5×10^{-9}	$PbCrO_4$	1.8×10^{-14}
$CaC_2O_4 \cdot H_2O$	4×10^{-9}	PbF_2	2.7×10^{-8}
CaF_2	4.9×10^{-11}	PbI_2	6.5×10^{-9}
$Ca(OH)_2$	$4\ 3 \times 10^{-6}$	$PbSO_4$	1.6×10^{-8}
$CaSO_4$	2.4×10^{-5}	$SrCO_3$	1.1×10^{-10}
CdS	1.0×10^{-28}	SrF_2	2.5×10^{-9}
CoS	4×10^{-21}	$SrSO_4$	3.2×10^{-7}
$Cr(OH)_3$	6×10^{-31}	TlCl	1.7×10^{-4}
$Cu(OH)_2$	1.6×10^{-19}	$Zn(OH)_2$	3×10^{-17}
ZnS	1.6×10^{-24}		

부록 05

실험에서 자주 사용하는 화합물의 화학식량

화합물	화학식량	화합물	화학식량
AgBr	187.78	$Ce(HSO_4)_4$	528.4
AgCl	143.32	CeO_2	172.12
Ag_2CrO_4	331.73	$Ce(SO_4)_2$	332.25
AgI	234.77	$(NH_4)_2Ce(NO_3)_6$	548.23
AgNO3	169.87	$(NH_4)_4Ce(SO_4)_4 \cdot 2\ H_2O$	632.6
AgSCN	165.95	Cr_2O_3	151.99
Al_2O_3	101.96	CuO	79.54
$Al_2(SO_4)_3$	342.14	Cu_2O	143.08
As_2O_3	197.85	$CuSO_4$	159.60
B_2O_3	69.62	$Fe(NH_4)_2(SO_4)_2 \cdot 6\ H_2O$	392.14
$BaCO_3$	197.35	FeO	71.85
$BaCl_2 \cdot 2\ H_2O$	244.28	Fe_2O_3	159.69
$BaCrO_4$	253.33	R_2Cr_2O	294.19
$Ba(IO_3)_3$	487.14	$K_3Fe(CN)_6$	329.26
$Ba(OH)_3$	171.36	$K_4Fe(CN)_6$	368.38
$BaSO_4$	233.40	$KHC_8H_4O_4$(phthalate)	204.23
Bi_2O_3	466.0	$KH(IO_3)_2$	389.92

memo

(계속)

화합물	화학식량	화합물	화학식량
CO_2	44.01	K_2HPO_4	174.18
$CaCO_3$	100.09	KH_2PO_4	136.09
CaC_2O_4	128.10	$KHSO_4$	136.17
CaF_2	78.08	KI	166.01
CaO	56.08	KIO_3	214.00
$CaSO_4$	136.14	KIO_4	230.00
$KMnO_4$	158.04	H_2S	34.08
KNO_3	101.11	H_2SO_3	82.08
KOH	56.11	H_2SO_4	98.08
KSCN	97.18	HgO	216.59
K_2SO_4	174.27	Hg_2Cl_2	472.09
$La(IO_3)_3$	663.62	$HgCl_2$	271.50
$Mg(C_9H_6ON)_2$	312.59	KBr	119.01
$MgCO_3$	84.32	$KBrO_3$	167.01
$MgNH_4PO_4$	137.35	KCl	74.56
MgO	40.31	$KClO_3$	122.55
$Mg_2P_2O_7$	222.57	KCN	65.12
$MgSO_4$	120.37	K_2CrO_4	194.20
MnO_2	86.94	Na_2O_2	77.98
Mn_2O_3	157.88	NaOH	40.00
Mn_3O_4	228.81	NaSCN	81.07
$Na_2B_4O_7 \cdot 10\ H_2O$	381.37	Na_2SO_4	142.04
NaBr	102.90	$Na_2S_2O_3 \cdot 5\ H_2O$	248.18
$NaC_2H_3O_2$	82.03	NH_4Cl	53.49
$Na_2C_2O_4$	134.00	$(NH_4)_2C_2O_4 \cdot H_2O$	142.11
NaCl	58.44	NH_4NO_3	80.04
NaCN	49.01	$(NH_4)_2SO_4$	132.14

memo

(계속)

화합물	화학식량	화합물	화학식량
Na_2CO_3	105.99	$(NH_4)_2S_2O_8$	228.18
$NaHCO_2$	84.01	NH_4VO_3	116.98
$Na_2H_2EDTA \cdot 2\ H_2O$	372.2	$Ni(C_4H_6O_2N_2)_2$	286.91
Fe_3O_4	231.54	PbCrO	323.18
HBr	80.92	PbO	223.19
$HC_2H_3O_2$(acetic acid)	60.05	PbO_2	239.19
$HC_7H_5O_2$(benzoic acid)	122.12	$PbSO_4$	303.25
HCl	36.46	P_2O_5	141.94
$HClO_4$	100.46	Sb_2S_3	339.69
$H_2C_2O_4 \cdot 2\ H_2O$	126.07	SiO_2	60.08
H_5IO_6	227.94	$SnCl_2$	189.60
HNO_3	63.01	SnO_2	150.69
H_2O	18.015	SO_2	64.06
H_2O_2	34.01	SO_3	80.06
H_3PO_4	98.00	$Zn_2P_2O_7$	304.68

부록 06

시판 시약의 조성

	$HCIO_4$	HCI	H_2NO_3	H_2SO_4	H_3PO_4	HF	CH_3COOH	NH_4OH	NaOH	KOH
분자량	100.46	34.46	63.01	98.08	98.00	20.01	60.06	35.05	40.00	56.11
비중	1.66	1.18	1.41	1.84	1.69	1.15	1.05	0.90	1.53	1.54
W/W%	70.0	37.0	69.7	96.0	85.0	48.0	99.5	57.6	50.0	50.0
							($27NH_3$)			
M	11.6	12.0	15.7	18.0	14.7	27.6	17.4	14.8	19.1	13.7

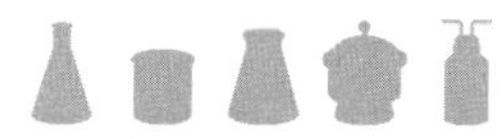

부록 07

기본적인 상수

이름	기호	값
기체상수	R	0.08205 L · atm/K · mol
		62.36 L · torr/K · mol
		8.314 J/K · mol
볼쯔만 상수	k	1.38062×10^{-23} J/K
아보가드로 수	N_{Avog}	6.02217×10^{23} 분자/mol
기체의 몰부피		22.414 L (STP에서)
쿨롱 법칙 상수		8.99×10^{9} N · m^2/$coul^2$
빛의 상수	c	2.997925×10^{8} m/sec
플랑크 상수	h	6.62620×10^{-34} J · sec
전자의 전하	e	1.60210×10^{-19} coul
		4.86298×10^{-10} esu
전자의 질량	m_e	9.10956×10^{-31} kg
양성자의 질량	m_p	5,48597 $\times 10^{24}$ amu
		1.67261×10^{-27} kg
		1.0072 7aum
리드버그 상수(수소)	R_H	1.097373×10^{7} m^{-1}

환산 인자

질량	1 원자질량단위(aum) = 1.6605×10^{-27} kg
거리	1 옴스트롱(1Å) = 10^{28} cm = 10^{-10} m
부피	1 리터(L) = 1000 세제곱센티미터(1000 cm^3) = 1.057 qt
힘	1 뉴턴(N) = 105 dyne
에너지	1 주울(J) = 107 erg
	1 칼로리(cal) = 4.184 J
	1 전자볼트(1eV) = 1.602 3 10219
압력	1 기압(1 atm) = 760 torr
	1 기압 = 101,325 N/m^2 = 101,325 Pa
	0°C = 2273.15 K
온도	1 쿨롱(C) = 2.99793×10^9 esu
전기전하	1 패러데이(F) = 9.6487×104 coul

실험 자료의 통계적 처리

실험 결과의 신뢰도

한 물체의 무게는 사용하는 저울의 감도와 무게를 다는 사람의 기술에 따라 그 측정값이 달라진다. 길이, 부피, 무게와 같은 양을 정확하게 재기 위해 훌륭한 기술자가 아무리 좋은 기기와 방법을 이용하여 조심스럽게 노력하더라도 측정값을 잴 때마다 다르고, 측정 조건에 따라 다소의 다른 불확정성을 포함한다. 따라서 그 양의 참값은 영원히 알 수 없다. 그러므로 우리는 가능한 한 정확한 방법으로 많은 측정값을 구하고, 그 평균값을 얻어 이것을 알맞은 값이라고 인정한다. 이 평균값을 그 양의 참값이라고 볼 수는 없다. 이러한 평균값과 참값의 차가 극히 적은 경우도 있지만, 또한 클 경우도 있다. 그러나 이 값은 확률적으로 참값 주위의 일정한 범위 내에 항상 들어간다는 사실을 알 수 있고, 이 범위가 좁을수록 신뢰도가 높은 측정값이다. 정량분석에서는 복잡한 과정을 거쳐 그 결과를 얻으며, 분석값은 여러 가지 물리적 및 화학적 오차를 포함하고 있다. 우리는 분석 결과에 미치는 여러 가지 조건을 충분히 고려하여 가능한 한 불확정성을 줄이고, 그 결과의 정확도와 신뢰도를 높이도록 해야 한다.

1 정확도와 정밀도

오차

측정값과 참값 사이의 차를 오차(error)라고 하며, 다음과 같이 표시하는데, 오차가 적을수록 정확한 측정값이다.

$$\text{오차}(e) = \text{측정값}(x) - \text{참값}(\mu)$$

분석 결과는 실험마다 일정한 정확도를 가지고 있다. 어떤 분석자는 황화철을 분석한 결과 화의 함유량이 50.55% 였다. 그러나 그 참값은 50.00% 이다. 한편 강철을 분석한 결과 황의 함유량은 0.050% 인데, 그 참값은 0.040% 이다.

$$\text{황화철의 절대오차} = 50.05 - 50.00 = 0.05\%$$
$$\text{강철의 절대오차} = 0.050 - 0.040 = 0.010\%$$

절대오차는 전자보다 후자가 적지만, 이 오차가 실제로 분석 결과에 미치는 영향력을 생각할 때에는 후자의 경우가 훨씬 큰 오차를 범하고 있음을 알 수 있다.

memo

이들은 절대오차를 각각 화의 함유량으로 나누어서 얻은 상대오차는 다음과 같으며, 후자의 경우에 상대적으로 더 큰 오차를 범하고 있다는 사실을 알 수 있다.

$$\text{황화철의 상대오차} = \frac{0.05}{50.00} \times 100 = 0.1\%$$

$$\text{강철의 상대오차} = \frac{0.010}{0.040} \times 100 = 25\%$$

그러므로 절대오차보다 상대오차를 구하는 것이 더 유효하고, 필요한 일이다. 측정값이 $x_1, x_2. . . , x_N$ 등과 같이 여러 개가 있는 경우에는 각 측정값 x_i에 대한 절대오차 $x_i - \mu = e_i$를 구하여 그것의 평균값 $\bar{e}$로서 정확도를 표시한다.

$$|x_1 - \mu| = e_1$$

$$|x_2 - \mu| = e_2$$

$$|x_N - \mu| = e_N$$

$$\frac{e_1 + e_2 + \cdots + e_N}{N} = \bar{e} \text{ 평균오차}$$

$$\frac{\Sigma|x_1 - \mu|}{N_\mu} = \frac{\bar{e}}{\mu} \text{ 상대평균오차}$$

그러나 평균오차보다 상대평균오차(relative mean error) $\bar{e}/\mu$로서 정확도를 표시하는 것이 더 좋은 방법이다. 상대오차는 그 값에 100을 곱하여 백분율(%)로, 또는 1000을 곱하여 천분율(ppt)로 표시하는 것이 보통이다.

정량분석에서 요구하는 정확도는 분석 시료와 분석 방법에 따라 다르지만, 일반적으로 0.1% 보다 작은 상대오차를 갖는 결과를 얻도록 해야 한다.

정확도와 정밀도

실험으로 얻은 값이 참값에 어느 정도 잘 맞는지를 표시하는 것을 정확도(accuracy)라고 하며, 일반적으로 오차 또는 상대오차로서 표시한다.

한편 같은 실험을 되풀이하여 얻은 몇 개의 측정값이 어느 정도 서로 잘 일치하는지를 표시하는 것을 정밀도(precision)라고 한다. 정밀도는 그 결과의 재현성과 신뢰도를 표시한다. 예를 들어 놋쇠중의 납 함유량(%)을 세 번씩 분석하였을 때 한 사람은 2.63, 2.62, 2.61%씩 얻고, 또 한 사람은 2.60, 2.75, 2.81%씩 얻었을 경우, 전자의 결과가 서로 잘 맞고 정밀도가 높다. 그러나 납 함유량의 참값과의 관계는 알 수 없기 때문에 정밀도가 큰 측정값이라 하더라도 반드시 정확한 값이라고 볼 수 없다. 예를 들어 이 시료중의 납 함유량을 황산납을 이용하여 무게분석하는 경우를 생각해 보자, 만약 시료중에 바륨이 포함되어 있어 납과 함께 바륨도 황산염으로 침전된다면, 이 결과에서 정의오차가 포함되고, 이 분석 결과는 정밀할지라도 정확한 결과라고 볼 수 없다. 그러나 정확한 측정값이라면 정밀도도 높아야 할 것이다.

일반적인 과학 측정에 있어 그 측정값의 참값은 알 수가 없기 때문에 정확도보다 정밀도가 높은 측정값을 얻는 것이 중요하며, 측정값의 정밀도는 다음과 같이 상대평균 또는 표준편차로 표시하는데, 표준편차가 더 중요하다.

편 차

한 가지 대상을 여러 번 측정한 값의 정밀도를 표시할 때에는 편차(deviation)를 사용한다. 어떤 측정값의 참값은 특수한 경우를 제외하고는 일반적으로 잘 알 수 없기 때문에 N개의 측정값 $x_1, x_2, \ldots, x_N$의 평균값 $\bar{x}$에 대한 편차 $\bar{d}$로서 정밀도를 표시한다. 그러나 일반적으로는 상대평균편차로서 나타낸다.

평균값 $\bar{x} = \dfrac{x_1 + x_2 + \cdots + x_N}{N}$

편차 $d_i = |x_i - \bar{x}|$

평균편차 $\bar{d} = \Sigma|d_i|\ N = \bar{\Sigma}|x_i - \bar{x}|\ N$

상대평균편차 $\dfrac{d}{x}$

이 경우에 백분율(%) 또는 천분율(ppt)로 나타내기도 한다. 엄밀한 의미에서 정밀도를 표시하는 편차와 정확도를 표시하는 오차는 다르다. 즉 측정값과 평균값 사이의 차를 편차라고 하고, 참값과 측정값 사이의 차를 오차라고 한다. 그러나 일반적으로 편차와 오차를 엄밀히 구별하지 않는 경우가 많다.

예 1 소금중에 포함되어 있는 염소를 분석하여 다음과 같은 결과를 얻었다: 60.44, 60.34, 60.22, 60.11, 60.00(%). 편차와 오차를 구하라.

측정값 x_i	편차 $\|x_i - x\|$
60.44	0.22
60.34	0.12
60.22	0.00
60.11	0.11
60.00	0.22
5) 301.11	5) 0.67

평균값 $\bar{x} = 60.22$ 평균오차 $\bar{d} = 0.13$

상대평균오차 $= \dfrac{0.13}{60.22} \times 100 = 0.22(\%)$

소금의 염소 함유량(참값) $= \dfrac{0.13}{60.22} = 1000.26(\text{mL})$

평균오차 $= 60.22 - 60.66 = 0.44(\%)$

상대평균오차 $= \dfrac{-0.44}{60.66} \times 100 = 0.7(\%)$

memo

표준편차

평균편차만으로 정밀도를 표시하는 것은 충분하지 않다. 예를 들어 위의 예 1에서 취급한 소금에 대한 염소 분석의 또 다른 측정값을 60.54, 60.24, 60.22, 60.00(%)라고 하면, 이 경우의 평균값, 평균편차, 상대평균편차는 위의 예 1의 경우와 같고, 변함이 없다. 그러나 전자의 경우에 가장 큰 값과 작은 값 사이의 차는 0.44이고, 후자의 경우에 이 차는 0.54로서, 후자의 측정값들이 전자보다 더 많이 퍼져 있다. 그러므로 상대평균편차가 분석 결과의 정밀도를 충실히 표시한다고 볼 수 없다. 그러므로 정밀도를 표시할 때에는 다음과 같은 표준편차를 사용하는 것이 일반적이다. 표준편차(standard deviation)는 로 표시하며, 평균값에 대한 각 편차의 제곱 평균의 제곱근으로, 다음과 같은 식으로 표시된다.

$$\sigma = \sqrt{\frac{d_1^2 + d_2^2 + \cdots + d_N^2}{N}}$$

여기서 $d_1, d_2, \ldots, d_N$은 평균값에 대한 각 측정값의 편차이고, N은 대단히 큰 측정 횟수를 표시한다.

위의 식은 N이 대단히 클 경우에만 성립한다. 그러나 실제로 얻는 실험값의 수는 한정되어 있고, N은 3, 4, 또는 5와 같은 작은 수이다. 이 경우에는 표준편차를 다음과 같이 표시한다.

$$s = \sqrt{\frac{d_1^2 + d_2^2 + \cdots + d_N^2}{N - 1}}$$

일반적으로 N이 작은 경우에는 표준편차의 값이 보다 작은 값으로 나타나기 때문에 N대신 $(N - 1)$을 사용하여 s를 에 접근시키도록 한다. s를 계산할 때 이용하는 $(N - 1)$을 자유도의 수라고 한다.

예 2 소금의 염소 분석에 대한 두 가지 측정 결과 (A와 B)에 대하여 표준편차 및 상대표준편차를 구하라.

(측정 A)		(측정 B)	
분석값	편차의 제곱(d_A^2)	분석값	편차의 제곱(d_B^2)
60.44	0.048	60.54	0.102
60.34	0.014	60.24	0.000
60.22	0.000	60.22	0.000
60.11	0.012	60.11	0.012
60.00	0.048	60.00	0.048
$\Sigma(d_A^2) = 0.122$		$\Sigma(d_B^2) = 0.162$	
$s_A = \sqrt{\frac{0.122}{5-1}} = \pm 0.17$		$s_B = \sqrt{\frac{0.162}{5-1}} = \pm 0.20$	

memo

상대표준편차	상대표준편차
$\frac{\pm 0.17}{60.22} \times 1000 \pm 2.8\text{ppt}$	$\frac{\pm 0.20}{60.22} \times 1000 \pm 3.3\text{ppt}$

이 두 측정값은 평균값이 같고 상대평균편차가 같지만 표준편차는 달라 sB가 sA보다 크다. 이것은 측정값 B의 경우가 측정값 A보다 더 많이 퍼져 있는 사실과 잘 부합한다. 그러므로 표준 편차가 평균편차보다 더 충실히 정밀도를 표시한다고 말할 수 있다.

2 오차의 분류

자연과학 실험에서 어떤 양을 측정할 때 포함되는 오차는 측정 조건에 따라 컸다 작았다. 하지만, 아무리 노력하더라도 오차를 완전히 제거할 수는 없다. 그리고 이러한 오차가 포함되는 원인에 대하여 생각해 보면 측정할 수 있는, 즉 보정할 수 있는 오차와 측정할 수 없는 오차로 나눌 수 있다.

측정할 수 있는 오차

사람의 노력에 따라 그 크기를 알 수도 있고, 적당히 보정해 줄 수도 있는 오차를 측정할 수는 오차(determinate error)라고 한다. 예를 들어 옳지 않은 추나 시약중의 불순물과 같이 항상 일정한 오차를 가져오는 것도 있고, 그때의 조건에 따라 오차의 크기가 변하는 것도 있다. 그러나 오차의 부호는 정 또는 부의 한쪽만으로 나타나는 것이 특징이다.

정량분석에서 생각할 수 있는 중요한 오차들을 살펴보면 다음과 같으며, 이러한 오차를 모두 측정하여 보정하는 것이 불가능한 일은 아니지만 매우 어려운 일이다.

(1) 기기 및 시약의 오차

예를 들어 저울의 양쪽 팔이 같지 않은 경우, 옳지 않은 추의 무게, 측정 기기의 전압 및 저항 등의 변화에서 오는 오차, 뷰렛 및 피펫 등의 옳지 않은 눈금, 비커 및 도가니 등의 부식, 시약 및 용매중의 불순물 등으로 인해 일어나는 오차 등이다.

(2) 조작오차

대부분 실험 작업을 잘못하는 데에서 포함되는 오차를 말하며, 실험하는 사람이 경험이 많고 유능하고 조심성이 있으면 이 오차는 줄일 수 있다. 예를 들어 시료를 취하는 방법이 잘못된 경우, 시료 용액의 일부가 튀어나가거나 그 속에 먼지나 불순물이 들어가는 경우, 침전을 불충분하게 씻거나 지나치게 씻는 경우, 침전을 너무 낮은 온도에서 가열하는 경우, 필요한 보정을 하는 것을 잊는 경우, 계산을 잘못하는 경우 등에서 생기는 오차가 여기에 속한다.

(3) 개인오차

실험하는 사람의 개인적인 결함이나 습관성에 의해 포함되는 오차로서, 색약 때문에 종말점을 잘못 잡는 경우, 또는 앞의 실험값에 따라 값을 취하는 습관 등이다.

(4) 방법오차

침전의 용해도, 반응이 완전히 진행되지 않는 경우, 공침 또는 후침전, 다른 물질의 휘발성과 흡습성 및 부반응 또는 유발 반응 등으로 인해 분석 방법 자체에 원인이 있는 오차로서, 사람의 노력만으로는 피할 수 없다. 이 오차의 크기는 측정 조건을 변화시키지 않으면 일정하게 나타나는 것이 보통이다. 분석 측정에 사용하는 기기들의 성능과 감도도 여기에 속한다. 이들 오차는 실험 조건을 조절하거나, 다른 분석 방법을 취하면 줄이거나 피할 수 있다.

오차 크기의 측정과 바로 잡기

실험 결과에 포함되는 오차는 사람의 노력에 따라 어느 정도 감소시킬 수는 있지만, 완전히 제거할 수는 없다. 많은 훈련과 주의력을 집중하면 개인오차는 크게 줄일 수 있으며, 시약은 분석용의 순도 높은 약품을 사용하고, 측정 기기는 미리 잘 보정해서 사용한다면 이러한 측정할 수 있는 오차는 최소한으로 줄이고 바로 잡을 수 있다. 특히 방법오차는 피할 수 없는 오차이지만, 이것을 보정할 수는 있다. 즉 실제 시료와 비슷한 조성을 갖는 표준시료를 사용하여 실제 분석법과 같은 방법으로 분석하고, 이때 포함되는 각종 오차의 크기를 측정하여 이것을 다른 시료의 분석값을 보정하는 데 이용할 수 있다.

또한 시료 성분만을 제거하고 모든 조건과 처리법은 실제 분석법과 똑같은 조작을 하여 바탕분석(blank analysis)을 해보면 이 분석에 사용하는 시약과 여기에 포함되는 오차를 측정해 볼 수 있으며, 이것을 이용하여 시료 측정값을 바로 잡을 수 있다.

측정할 수 없는 오차

측정값에 포함되는 오차 중에는 그 원인을 잘 알 수 없는 것이 있다. 즉 같은 사람이 같은 방법으로 같은 조건에서 되풀이하여 같은 것을 측정하는데 아무리 조심스럽게 실험하더라도 항상 같은 측정값을 얻을 수는 없으며, 반드시 약간씩 다른 값을 얻게 된다. 이와 같이 원일을 잘 알 수 없고, 그 양을 측정할 수 없는 오차(indeterminate error)를 우발오차라고도 한다. 이 오차는 경우에 따라 크기도 다르고, 부호도 정 또는 부로 나타난다. 그러므로 이것은 측정할 수 있는 오차의 경우와 대조적으로 사람의 노력으로 보정하여 막을 수 없다. 그러나 원인없는 결과가 있을 수는 없으며, 다만 이 오차가 생기는 원인을 우리가 파악하지 못할 뿐이다.

다시 말해, 측정하는 사람의 능력에 한계가 있어 온도, 습도, 압력 등의 외부 조건을 일정하게 유지하는 데 실패하거나, 거르고 섞는 등의 실험 조작을 항상 일정하게

memo

표 9.1 측정값의 오차와 유효숫자

측정값	절대오차	상대오차(%)	상대오차(ppt)	유효숫자
1.11	0.01	1	10	3
0.11	0.01	10	100	2
0.111	0.001	1	10	3
0.011	0.001	10	100	2
2.100	0.001	0.05	0.5	4
2.1×10^3	0.1×10^3	5	50	2
0.3720	0.0001	0.03	0.3	4
0.003720	0.000001	0.03	0.3	4
0.00372	0.00001	0.3	3	3

할 수는 없으며, 예측할 수 없는 불순물이 들어가거나 시료의 일부를 잃어버릴 수도 있으며, 눈금을 읽는 한계 등과 같이 피할 수 없는 불확정성 등이 이 오차의 원인이다.

3 유효숫자

실험값의 정밀도를 표시하는 데 필요한 숫자를 유효숫자(significant digits)라고 한다. 도가니의 무게를 감도가 0.1 g인 보통 저울로 달면 12.3 g을 얻고, 감도가 0.0001 g인 화학 저울로 달면 12.3065 g을 얻는다. 3개의 유효숫자로 이루어진 전자의 측정값보다 6개의 유효숫자로 이루어진 후자의 정밀도가 더 높다.

또한 전자를 12300 mg으로 표시할 수도 있으며, 후자를 0.0123065 kg으로 표시할 수 도 있다. 이 경우 숫자는 늘어나지만, 실제로 그 정밀도는 변하지 않는다. 이 경우에 뒤와 앞에 붙인 2개의 0은 단순한 소수점의 자리를 표시하는 역할만을 한다. 이러한 숫자 0은 유효숫자라고 할 수 없다. 이와 같은 혼란을 막기 위해 전자를 1.23×10^4 mg으로, 후자를 1.23065×10^{-2} kg으로 표시하는 것이 좋다.

실험에서 측정한 값에는 반드시 일정한 오차가 포함되어 있으며, 일반적으로 측정값의 마지막 숫자의 한 단위에 해당되는 오차를 포함한다고 본다. 예를 들어 1.013 cm는 그 길이가 정확히 1.013 cm 라는 의미가 아니라, 길이가 1.013 ± 0.001 cm, 즉 1.012~1.014 cm 범위의 값이라는 것이다. 이 길이 측정의 상대오차는 0.001/1.013 = 0.001, 또는 0.1%, EH는 1 ppt 이다.

표 9.1에서도 알 수 있는 바와 같이, 유효숫자가 많을수록 그 측정값의 상대오차가 작고 정밀하다는 것을 알 수 있다.

계산에 의한 유효숫자의 변화

측정값이 그대로 분석 결과로 사용되는 경우는 거의 없으며, 반드시 더하기, 빼기, 곱하기, 나누기와 같은 계산을 거쳐서 얻은 값을 이용하게 된다. 예를 들어 어떤 시약의 무게를 달 때에도 시약을 담은 그릇의 무게에서 빈 그릇의 무게를 빼야 한다.
어떤 계산을 거쳐서 얻은 값은 이 계산에 사용한 값보다도 더 정밀할 수 없다. 그러므로 계산값을 오차가 포함되는 자리에서 끊어야 하고, 그 이상의 숫자는 나열한 필요가 없다. 그리고 그 다음 자릿수는 사사오입하는 것이 일반적이다.

덧셈과 뺄셈

측정값의 유효숫자와 계산하여 얻은 답의 유효숫자는 다르다.

시료를 담은 그릇의 무게	11.2169 g
그릇만의 무게	10.8144 g
시료의 무게	0.4025 g

위의 경우에 유효숫자 6개의 측정값에서 얻은 시료의 무게는 4개의 유효숫자만을 갖는다. 만약 그릇의 무게를 정밀도가 낮은 저울로 단 경우에는 정밀도가 낮은 쪽의 측정값이 갖는 오차에 따라 답의 유효숫자가 결정된다.

시료를 담은 그릇의 무게	11.2169 g
그릇만의 무게	10.81 g
시료의 무게	0.4069 g

이때 시료의 무게는 0.4069 g이 아니라 0.41 g이라고 표시해야 한다. 다시 말해, 덧셈이나 뺄셈에서 얻은 답이 갖는 절대오차는 계산하는 데 사용한 측정값이 갖는 오차 중 가장 큰 것보다 작을 수 없다.

곱셈과 나눗셈

곱셈과 나눗셈을 해서 얻은 답의 유효숫자는 상대오차에 따라 결정하며, 그 답이 갖는 상대오차는 계산하는 데 사용한 측정값이 갖는 오차 중 가장 큰 상대오차보다 작을 수 없다. 즉 그 답의 유효숫자는 계산에 사용한 측정값 중 가장 작은 것과 같도록 잡는다. 예를 들어 9.678234×0.12는 1.2라고 표시하는 것이 옳으며, 1.1613이라고 표시하는 것은 적당하지 않다. 왜냐하면 0.12는 $0.01/0.12 = 1/12$의 상대오차를 가지고 있기 때문이다.

위에서 설명한 사실은 정밀한 이론에 근거한 것은 아니며, 간단하게 계산값을 내는 데 필요한 유효숫자를 결정하는 방법을 밝힌 것이다.

그러므로 우리는 측정값을 사용하여 계산값을 얻을 때 필요 이상의 자릿수를 구하지 않도록 유의해야 하며, 또 이때 요구하는 정밀도와 계산법에 비추어 필요 이상으로 정밀한 측정값을 얻을 필요도 없다.

memo

희귀와 상관

화학에서 여러 가지 실험을 통해 얻어진 데이터를 분석하는 방법 중 가장 일반화된 것이 회귀분석(regression analysis)과 상관분석(correlation analysis)이다.

회귀분석이란 변수 사이의 관계를 분석하여 알려진 변수를 기초로 하여 알려지지 않은 변수의 값을 예측하는 것이며, 상관분석이란 두 변수 사이의 관련 정도를 예측하는 것이다. 여기에는 한 개의 독립 변수를 고려하여 실시하는 단순 회귀분석(simple regression analysis)과 단순 상관분석(simple correlation analysis)이 있으며, 두 개 이상의 독립변수를 고려하여 실시하는 다중 회귀분석(multiple regression analysis)과 다중 상관분석(multiple correlation analysis)이 있다. 다중 회귀분석은 단순 회귀분석에 비해 분석 대상과 분석 방법이 복잡하지만, 그 이론은 거의 유사하다. 그러므로 여기서는 화학에서 데이터를 통계적으로 처리하는 방법의 기본 체계를 이해하기 위해 단순 회귀와 단순 상관만을 설명하기로 한다.

1 회귀 방정식의 계산

두 변의 사이의 관계를 이해하는 데 있어 가장 좋은 수학적 표현은 직선석이 관계이다. 직선은 한 변수의 값이 일정하게 변하면 다른 변수의 값도 일정하게 변하므로 변수의 관계를 쉽게 이해할 수 있을 뿐만 아니라, 표현하는 수식과 계산이 간단하다. 그림 9.1을 살펴보면서 알아보기로 하자.

그림 9.1에서와 같이 직선으로 교차하는 두 선이 있을 때 가로를 x축, 세로를 y축이라고 하자. 그림 9.1(a)에서 직선상의 점 P_1으로부터 x축으로 수직선을 그으면 $x = 10$이 되고, y축으로 수평선을 그으면 y 역시 10이 된다. 마찬가지로, 점 P_2는 $x = 5$, $y = 5$가 되고, 점 P_3는 $x = 0$, $y = 0$이 된다. 또한 점 P_4는 $x = -5$, $y = -5$, 점 P_0는 $x = -10$, $y = -10$이 된다. 이 점들은 모두 $y = x$라는 조건을 만족시키므로, $y = x$의 방정식으로 나타낼 수 있다. 그림 9.1(b)에서도 x가 -10, -5, 0, 5, 10으로 변할 때 y는 10, 5, 0, -5, -10으로 변하고 있다. 그러므로 $y = -x$의 방정식으로 나타낼 수 있다. 그림 9.1(c)에서도 x가 0, 5, 10일 때 y가 2.0, -0.5, -0.1로 변하므로 $y = 2 -$

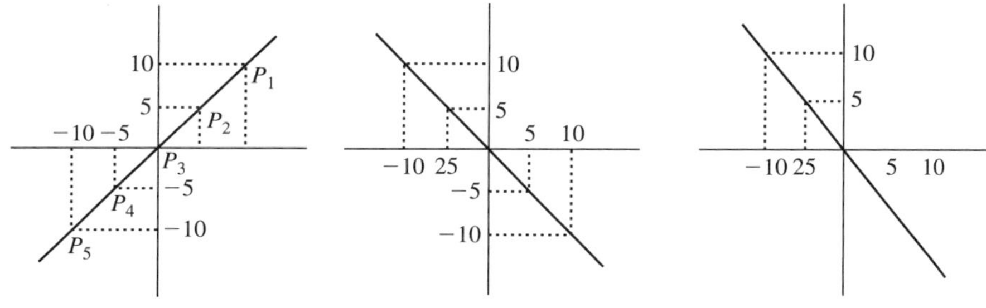

그림 9-1 • 상관의 종류

memo

$0.5x$의 방정식으로 나타낼 수 있다. 이때 상수 2는 y축과 직선이 만나는 점이 된다. 이상의 여러 가지 경우의 방정식을 종합해 볼 때, 직선은 다음과 같이 나타낼 수 있다.

$$y = a + x \tag{1}$$

위의 식에서 y를 종속 변수(dependent variable)라고 하며, x를 독립 변수(independent variable)라고 한다. 는 직선의 기울기로서, 방향 계수 또는 간단히 계수(coefficient)라고 한다. 식 (1)은 필요한 모든 관찰값인 모집단이 모두 고려된 식으로 나타낸 것이다. 그러므로 표본을 대상으로 회귀식을 측정할 때에는 ?와 ?를 모두 모르기 때문에 α와 β의 예측값인 a와 b를 구하여 예측식(prediction equation)으로 나타낼 수 있다.

$$y = a + bx \tag{2}$$

여기서 y는 x에 의한 측정값, a는 모두 α의 측정값, b는 모두 β의 측정값이다.

그런데 우리가 측정한 값들이 직선적 경향을 나타내고 있다 하더라도 정확히 일직선이 되는 것은 거의 없다. 따라서 실제로 측정한 값 y와 예측한 값 ?의 차 $(y - ?)$를 가장 작게 하는 방법이 필요하다. 이 방법을 최소 제곱법(least square method)이라고 한다. 최소 제곱법이란 실제로 측정한 값(y)과 회귀식에서 구한 예측값(y)의 차의 제곱의 합[$\Sigma(y - y)$]이 최소가 되도록 하는 것이다. 예측값 ?는 예측선 $? = a + bx$에 의해 구할 수 있다. 여기서 상수인 a와 b를 구하면 예측값은 자연히 구해진다. 그림 9.1(a)와 9.1(b)를 구하는 방법을 생각해 보자. 우선 편차의 제곱의 합 $\Sigma(y - y)^2$에 예측식인 식 (2)를 대입하면 다음과 같다.

$$\Sigma[y - (a + bx)]^2 = S(y - a - bx)^2 \tag{3}$$

그러므로 위의 식이 최소가 되는 a와 b를 구하면 된다. 식 (3)을 최소로 하는 데 필요한 조건으로서 a와 b에 각각 편미분을 하면 다음과 같다.

$$\begin{aligned}\Sigma(y - a - bx)^2 &= \Sigma 2(-1)(y - a - bx) = 0\\ &= \Sigma(y - a - bx) = 0\\ &= \Sigma y - na - b\Sigma x = 0\\ \Sigma(y - a - bx)^2 &= \Sigma 2(-x)(y - a - bx) = 0\\ &= \Sigma x(y - a - bx) = 0\\ &= \Sigma xy - a\Sigma x - b\Sigma x^2 = 0\end{aligned}$$

그러므로 다음과 같은 두 식을 얻는다.

$$\Sigma y = na + b\Sigma x$$
$$\Sigma xy = a\Sigma x + b\Sigma x^2$$

위의 식을 다시 연립 방정식으로 풀면 다음과 같다.

memo

$$b = \frac{n\Sigma xy - \Sigma x \Sigma y}{n\Sigma x^2 - (\Sigma x)^2} = \frac{\Sigma xy - \Sigma x \Sigma y/n}{n\Sigma x^2 - (\Sigma x)^2/n}$$

$$a = \frac{\Sigma y}{n} - b\frac{\Sigma x}{n} = \bar{y} - b\bar{x}$$

여기서 $\bar{y}$ 는 y의 평균이고, $\bar{x}$는 x의 평균이다.

이제 위의 식을 이용하여 예를 풀어 보기로 하자.

예 3 어떤 화합물의 반응 시간에 따른 생성물의 양이 다음과 같았다. 시간과 생성물의 양에 대한 회귀식을 구하라.

시간(분)	(x)	27	31	39	50	62
생성물(g)	(y)	10	6	8	11	8

이 문제를 풀기 위해 우선 필요한 계산(Σxy, Σx, Σy, Σx^2)을 해야 한다. 그런 다음 계수 b를 구한다.

표 9.2

x	y	xy	x^2
27	10	270	729
31	6	186	961
39	8	312	1521
50	11	550	2500
62	8	496	3844
Σx	Σy	Σxy	Σx^2
209	43	1814	9555

$$b = \frac{\Sigma xy - \Sigma x \Sigma y/n}{\Sigma x^2 - (\Sigma x)^2/n}$$

$$= \frac{1814 - 209 \times 43/5}{9555 - (2092)^2/5} = \frac{16.6}{818.2} = 0.02$$

다음으로 y절편이 a를 구한다.

$$\bar{y} = \frac{\Sigma y}{n} = \frac{43}{5} = 8.6$$

$$\bar{x} = \frac{\Sigma x}{n} = \frac{209}{5} = 41.8$$

$$a = \bar{y} - b \cdot \bar{x} = 8.6 - 0.02 \times 41.8 = 7.76$$

memo

그러므로 구하려는 방정식은 $y = 7.76 + 0.02x$가 된다. 이 회귀식이 의미하는 것은 다음과 같다. 기울기 b가 0.02라는 것은 시간이 1분씩 증가함에 따라 생성물이 0.02 g씩 증가 한다는 것이다. 절편 a가 7.76이라는 것은 처음 생성물의 농도가 바로 7.76이라는 것이다. 또한 이 회귀식으로부터 예측값도 계산할 수 있는데, 예로서 시간이 95분인 경우를 생각해 보자.

$$y = a + bx$$
$$= 7.76 + 0.02 \times 95 = 9.66$$

즉 시간이 95분 일 때에는 9.66 g 정도의 생성물을 얻을 수 있다.

2 회귀분석

표본으로부터 회귀식을 일단 구하였으면 그 회귀식이 두 변수의 관계를 잘 설명해 주고 있는지를 검토해야 한다. 여기서는 예측값의 표준오차(Sy,x)에 대한 것을 논의하기로 한다. 예측값의 표준오차 Sy,x는 x가 주어졌을 때 이에 해당하는 y의 주변에 y가 흩어져 있는 정도를 나타내는 것이다. 예측값의 표준오차 Sy,x가 크면 주어진 x값에 대한 y값과 회귀 방정식에 의해 계산된 y값 사이에는 커다란 차이가 있다. 즉 회귀 방정식에 의해 구한 y는 각 x에 해당하고, y값들의 평균 개념으로 받아들일 수 있으므로, 이들의 산포성을 구하여 적합도를 알아보는 것이다. 따라서 예측값의 표준오차를 구하는 식은 다음과 같다.

$$s_{y,x} = \sqrt{\frac{(y-y)^2}{n-2}} = \sqrt{\frac{\Sigma y^2 - a\Sigma y - b\Sigma xy}{n-2}}$$

예 4 앞의 예 1로부터 예측값의 표준오차를 구하라.
$a = 7.76$, $b = 0.02$이므로 다음과 같다.

$$s_{y,x} = \sqrt{\frac{\Sigma y^2 - a\Sigma y - b\Sigma xy}{n-2}}$$

$$\sqrt{\frac{385 - 7.76 \times 43 - 0.02 \times 1814}{5-2}}$$

$$\sqrt{\frac{15.04}{3}} = 2.23$$

3 상관분석

어떤 한 변수의 값을 알고, 다른 변수의 값을 말할 수 있을 때, 이들 두 변수 사이에는 상관 관계 r이 있다고 말한다. 예를 들어 온도와 부피 사이에는 반드시 두 변수 사이에

memo

관계가 있다고 볼 수 있다. 그리고 변수 사이의 상관의 정도와 방향을 하나의 수치로 요약해서 표시해 주는 지수를 상관 계수(coefficient of correlation)라고 한다. 상관 계수는 상관의 정도와 방향에 따라 $-1.00 \le r \le +1.00$의 값을 갖는다. 상관 계수는 다음과 같이 정의한다.

$$r = \frac{\Sigma(x - m_x)(y - m_y)}{\sqrt{\Sigma(x - m_x)\Sigma(y - m_y)^2}}$$

이때 m_x는 변수 x의 평균, m_y는 변수 y의 평균이다. 여기서 변수 x의 표본분산을 S_{x2}, 변수 y의 표본분산을 S_{y2}, 그리고 두 변수 x와 y의 공분산을 $Sx \cdot y$로 나타낸다면, 다음과 같이 간단한 식으로 표현할 수 있다.

$$4r = \frac{s_{xy}}{s_x s_y}$$

위의 식을 계산의 어려움을 덜기 위해 다음과 같이 간단한 식으로 유도할 수 있다.

$$r = \frac{\Sigma xy - (\Sigma x \Sigma y)/n}{\sqrt{[\Sigma x^2 - (\Sigma x)^2][\Sigma y^2 - (\Sigma y)^2}}$$

$$= \frac{n\Sigma xy - \Sigma x \Sigma y}{\sqrt{[n\Sigma x^2 - (\Sigma x)^2][\Sigma y^2 - (\Sigma y)^2]}}$$

예 5 다음의 표는 어떤 화합물의 온도와 비체적(cm^3/g)을 측정한 것이다. 온도와 비체적 사이의 상관 계수를 구하라.

표 9.3

온도	비체적(y)	xy	x^2	y^2
50	0.62	31.00	2500	03844
81	0.71	57.51	6561	0.5041
102	1.09	111.18	10404	1.1881
140	1.38	193.20	19600	1.9044
181	2.50	452.50	32761	6.2500
계 554	6.30	845.39	71826	10.210

memo

$$r = \frac{\Sigma xy - (\Sigma x \Sigma y)/n}{\sqrt{[\Sigma x^2 - (\Sigma x)^2/5][10.2310 - (6.30)^2/5]}}$$

$$= \frac{845.39 - (554 \times 6.30) \div 5}{\sqrt{[71826 - (554)^2/5][10.2310 - (6.30)^2/5]}}$$

$$= \frac{147.353}{\sqrt{[10442.8 \times 2.293}}$$

$$= 0.9522$$

▌편저자 소개

경상대학교 화학실험교재연구회 :

이준화 윤용진 김재상 이심성 신성철
서무룡 김진은 이상경 정종화 김윤희
최명룡 권기영 김봉곤 구인선 박기민
양기열 박종근 김민규 이승준 김정환

일반화학실험

발 행 일 | 2024년 1월 30일 6쇄 발행
편 저 자 | 경상대학교 화학실험교재연구회
펴 낸 이 | 김 중 현
펴 낸 곳 | **녹 문 당**
주 소 | 경기도 파주시 심학산로 12 (서패동)
전 화 | (031) 957－2711
팩 스 | (031) 957－2710
신고번호 | 제406－1997－000055호

ISBN 978－89－88684－77－1 93430

정가 | 18,000원